164 체질에 따른 자연치유

혈액형과 체질별
식이요법

방주연

예신 Books

들어가는 말

나는 명예나 학술적 영달, 또는 학위 같은 것을 탐하여 공부한 적이 없다. 다만 병든 내 몸을 고치고 새 삶을 찾기 위한 실사구시(實事求是)의 정신 '내 몸은 내가 고친다'의 결과일 뿐이며, 발명 특허를 받은 '혈액형별 식단제공 시스템' 또한 내 병을 내가 고치고자 했던 방법론의 결과물이다. 사실 내 병을 내가 고치는 데는 어떠한 학위도 필요치 않았다. 오히려 학위에 도전하려고 애를 쓰는 순간부터 익숙지 않은 컴퓨터 앞에 앉아 논문을 작성하느라 스트레스와 밤샘 작업에 시달릴 수 밖에 없었다. 어떤 날은 잇몸이 퉁퉁 부어올라 통증에 시달려야 했고, 대소변이 막혀 요독증상(尿毒症狀)으로 지인들의 신세를 지기도 했다.

우리나라에는 딱히 자연의학을 가르치는 곳이 없었기 때문에 학업을 위해 나는 수많은 나라를 오가야 했다. 각종 자료 수집 등의 문제로 인한 경제적인 부담이 나를 힘들게 했고, 편히 잠들지 못하는 날들이 헤아릴 수 없었다. 과중한 압박과 부담감으로 인한 스트레스는 암세포의 재발을 부추겼고, 재발을 발견한 후에는 오랜 기간 책을 덮고 칩거에 들어가기도 했다.

 들어가는 말

왜 세상 사람들은 껍질에 불과한 화려한 포장을 쫓아 살아가는 것일까? 자세히 살펴보면 금방 속 안의 내용이 보일 텐데, 왜 그토록 포장의 가치에 연연(戀戀)해 하고 나약한 자신의 모습에 얽매여 오직 그것만이 자신의 살길인 양 발버둥치며 살아갈까? 오랜 시간 나는 '인간은 왜?'라는 화두에 매달렸다. 그것은 내 자신도 어쩔 수 없는 의지, 어떤 필연적인 존재나 우주 에너지가 전해준 소명이 아닐까 생각한다. 그리고 사실 나는 그것이 행복한 소명으로 느껴진다.

지금으로부터 약 30년 전 체질에 관한 무지로 내가 겪어야 했던 엄청난 고통에서부터 나의 연구는 시작되었다. 나와 마찬가지로 난치병에 허덕이는 수많은 사람들을 지켜보며 하루 빨리 스스로를 관리할 수 있는 Home Health Care(홈 헬스 케어) 시대를 정착시켜야 한다는 소명의식은 더욱 굳어졌다.
'홈 헬스 케어'는 단어 뜻 그대로 직장 또는 집에서 쉽게 할 수 있는 건강 요법으로 자신의 몸을 관리하고 스스로 질병을 예방하고 치유하며 생명본질과 본성을 깨달아 질적으로 높은 삶의 세계를 지향하는 삶의 방식이다.

A형 12월 겨울 생의 극음 체질인 나에게 찬성질의 음(陰)적인 건강식품을

권유했던 유명약국의 약사는 매출을 올리는 데 급급한 의료인이었다. 나는 피로의 주된 원인이었던 B형 만성간염과 왜소한 체구, 약한 체질로 집안 한 의사의 임상대상자가 되어 각종 처방에 매달려야 했다.

알레르기와 위궤양, 중이염, 기관지염은 집안 약사로 하여금 각종 항생제와 스테로이드 제제를 마음 놓고 처방하게 한 이유가 되었고, 갑상선 기능저하, 잦은 피 소변을 쏟게 한 신장결핵과 요도염 등은 나를 비뇨기과 의사의 임상 대상자로 만들었다. 그러나 믿었던 의사가 건네준 각종 항생제는 나를 약에 찌든 우울증 환자로 만드는 데 한 몫 했다.

남달리 의료인이 많았던 집안이었고, 약이 가까이 있어 손쉽게 먹을 수 있었기 때문에 결국 나는 약에 찌들어 체질이 흐트러지기 시작했다. 급기야는 암 체질이 되어 온갖 잔병과 난치병을 안게 되었다. 4번의 습관성 유산을 겪어야 했고, 혈액암과 유사하다는 진단을 받기에 이르렀다. 그러나 집안의 맏며느리였던 나는 대한민국의 모든 여성이 그러하듯 자식을 낳아야 하는 입장이었다.

그러나 그 혼란 속에 당대의 유명한 의사였지만 암을 이기지 못해 돌아가

 들어가는 말

신 시아버지의 죽음은 나의 병을 더욱 부추기기에 이르렀다. 시어머니는 내 뱃속의 아이가 시아버지의 생명을 빼앗았다고 나를 몰아 세웠다. 무당의 말을 핑계 삼은 온갖 괴변이 나에게 쏟아졌다. 성당에서 남을 위해 봉사하고 헌신하는 시어머니의 모습을 집안에서는 찾아볼 수 없었다. '고추, 당초 맵다 해도 시집살이보다 더 매울까' 라는 말이 뼈저리게 느껴지는 시집살이였다.

그것은 불행의 시작이었다. 집안은 끊임없는 우환의 연속이었다. 작은 시누이의 자살 사건이 그랬고, 20대의 시동생이 암으로 사망한 일이 그랬다. 외과의사인 작은 아버님이 일본 의학세미나 참석 후 신칸센 기차 안에서 갑작스럽게 돌아가신 일도 그랬다. 의사 집안의 흉사(凶死)를 겪으며 나는 가족 사랑의 붕괴와 미움의 끝이 어디까지일까 고통을 삼키며 울고 또 울었다. 옛 시댁의 불행이 내가 시집을 가기 이전부터 있었던 일이라는 것을 알게 된 것도 그때쯤이었다. 옛 남편의 형님도 의사였는데 미국에서 암으로 사망했다는 것이다. 그러나 연이은 시댁 식구들의 암 선고는 나에게 화가 되어 돌아왔다.

이 시대 최고의 지성인이라고 자부하는 집안 의료인들의 도도하고 이기적인 모습은 체내에 어떤 이물질이 보이면 도려내고 주사 바늘로 찔러대는 현대의학의 그것과 너무나 닮아 있었다. 첨단을 걷는다는 곳에서 일하는 전문

인들은 그저 직업인으로서 하루하루를 보내고 있다는 듯, 생명을 다루는 일
의 한계를 절감하고 사는 듯 했다. 그러한 분위기 속에서 나의 몸과 마음은
병들어갔고, 삶에 대한 회의로 자살을 시도하기도 했을 만큼 많은 세월을 아
픔과 고통 속에서 보내야만 했다. 그러나 이제 나는 나의 이러한 경험과 실학
정신을 토대로 다음 책에서 더욱 상세하게 다룰 일본의 마사꼬 황태자비의
난치성 질환 및 득남을 하지 못하는 까닭에 대해 명쾌한 해답과 방법론을 이
야기할 수 있음을 자부한다.

  이 책은 내 연구 결과의 1권에 해당한다. 그러나 '무엇'이 몸에 좋으니
까 찾아가 먹으라고 알려주는 책이 아니다. 체질의 중요성을 모르고 사는 많
은 사람들의 고정관념에 대한 문제점과 해결 방법을 엮었다. 또한 이것은 내
건강을 위한 절차탁마 (切磋琢磨)의 정신을 고취시키기 위한 실용적인 방법
론이 될 수 있을 것이다.

切(끊을 절) • 지금까지 고정관념으로 오염되고 왜곡된 삶의 방식을 끊고
磋(갈   차) • 자신의 몸과 정신을 갈고 가다듬어
琢(쫄   탁) • 지혜를 닦고 본받아
磨(갈   마) • 완성을 이룰 때까지 연마하여 윤택하게 다듬는다.

들어가는 말

이 고사성어는 원래 옥의 가공법을 일컫는 말이지만 인간에게도 적용된다. 몸이 탁하고 머리가 우탁(愚濁)한 사람이 잘난 체하거나 방종하여 절차탁마의 정신이 고갈되면 자신뿐만 아니라 가족과 이웃을 괴롭히고, 나아가 심각한 사회문제를 일으킬 수 있다.

자신을 돌아보고 오염된 삶의 방식과 마키아벨리즘적인 절대지상주의와 이기주의를 먹을거리의 개선으로 갈고 닦는 자아성찰의 방법론을 제시한 생활 속의 명심보감이다. 물론 혈액형별로 나눈 유익한 식품, 보통의 것들, 유해한 것들이 반드시 정답은 아니다.

정답은 바로 독자 안에 있다. 단 충분히 깨어 있는 당신 안에 말이다.

체질의학의 중요성을 모르고 약에 몸을 맡기고 살던 사람들이 난치병으로 아파할 때, 나는 그 아픔들을 꿰매는 방법을 제시할 책을 위해 밤잠을 설칠 것이다. 세상의 모든 이들의 건강을 위해 노자사상의 도가도비상도(道可道非常道), 즉 '길이라고 해서 다 길이 아니다'를 간절히 외치며 말이다. 나는 이 책이 21세기 유망 직종의 하나로 손꼽히는 Health care Consultant(헬스 케어 컨설턴트-진정한 참살이의 길잡이)의 교과서로 그 역할을 유감없이 발휘할 것으로 믿는다.

　책이 나오기까지 수고하신 전도근 교수님과 예신 편집부 여러분께 감사의
말을 전하고 싶다.

쌀을 닮은 나의 캐릭터

차 례

차 례

6. B형의 기본적인 체질과 기질

차 례

7. O형의 기본적인 체질과 기질

8. AB형의 기본적인 체질과 기질

차 례

1

생명본질을 알면
새 삶이 보인다

164 체질론의 발견

미국의 대체의학자 Dr.다데모는 옛날 이제마 선생이 그랬듯 환자가 먹은 음식물 샘플을 통한 역학조사로 육체의 질병은 물론 의식의 세계까지 돌려놓는 자연치유의 우수성을 증명한 사람이다. 그는 1991년 초 미국예방의학 최신 정보지 〈Preventive Medicine Update〉에 올해의 의사로 선정되면서 음식을 통한 치료 사례로 관심을 끌었다. 검증되지 않거나 입증된 자료가 없으면 결코 인정하지 않는 미국의 대체의학자들이 실학정신을 바탕으로 한 다데모의 성과를 인정한 것이다.

그의 부친 Dr.제임스 다데모(1957년)로부터 2대에 걸친 체질(혈액형)별 질병 연구와 치료는 단순히 병을 진단하고 결론을 내리는데 중점을 두지 않았다. 그들은 누가, 왜, 병에 걸렸는가에 초점을 둔 진정한 히포크라테스임을 증명해 많은 의사들의 귀감이 되었다. 그의 인류애가 일본의 노미도 시다카 집안의 2대에 걸친 실학정신을 토대로 한 혈액형별 인간학의 전수 내력과 비슷하다는 것은 놀라운 사실이다. 다데모의 혈액형별 음식으로 환자를 치료한 사례는 이 책의 큰 밑거름이 되었다.

일본에서 사람들과 대화를 나누다보면 혈액형을 묻는 경우가 많다. 혈액형 인간학으로 붐을 조성해 일본인들에게 잘 알려진 노미도시타카와 노미 마사히코의 영향 때문이다. 일본 후지 TV의 한 방송에서는 심리연구가이자 점술가인 미호리마리가 혈액형별로 다방면의 사람들을 소개하고 연결해 주는 프로그램을 방영했을 정도였다. 미호리마리는 그의 저서 《The Truth of Blood Type》에 약 40가지의 혈액형 조합을 역학적으로 풀어 비즈니스에 활용하거나 상대를 찾는 일을 소개해 많은 관심과 화제를 모았다.

우리나라에서도 몇몇 방송 프로그램이나 영화에서 혈액형별 인간상을 다루어 흥미를 끌고 있지만 인간의 체질을 연구하는 연구자의 입장에서 혈액형이 단순히 흥미 유발의 소재로 다뤄지는 것은 우려되는 부분이다. 혈액형을 말초신경을 자극하는 흥미 위주나 겉핧기로 잘못 다루었다가는 또 다른 고정관념에 사로잡히는 문제가 생길 수 있기 때문이다.

혈액형별 164 체질학은 정확한 체질을 알아내는 것이 단순한 논리로 풀수 있는 것이 아니라는 것을 밝힌 결과물이다. 사실 우리가 흔히 알고 있는 ABO식 혈액형 분류방식은 서양의 체질학적 관점에서 체질을 논한다. 1년을 24절기로 나누어 태어난 시기와 계절에 따라 인간의 체질 형성에 직접적인 영향을 미치는 동양학적 절기론(사상체질론 및 팔상체질론)은 매우 중요한 체질분류법으로 이 두 가지를 접목해 체질을 확인하고 분류하는 작업이 필요하다. 여기서 놓치지 말아야 할 것은 부모의 혈액형을 반드시 알아야 한다는 것이다. 부모의 혈액형 조합과 자신의 혈액형, 태어난 달의 체질을 조합해 견주면 전문 체질학자를 찾지 않아도 자신의 체질에 대한 궁금증을 풀 수 있다. 혈액형 164 체질의학은 우리 내부에 잠재해 있는 다중적인 체질과 성격의 형성 과정을 밝혀 진로를 결정하고, 개인의 평생 먹을거리를 정립하는 데 중점을 두고 있다.

파동과학에서는 사람의 머리카락이나 동물, 식물의 약간의 시료물질을 파동장비를 통해 생명본질의 정보를 알아내는 데 이것은 사람의 혈액형을 알아내는 것보다 더욱 정확하고 정밀도가 높은 탁월한 방법이다.

파동과학의 선두주자 MOR 시스템 개발자인 로얄 R.라이프(Royal Raymond Rife Ph.D) 박사는 질병의 원인 세균을 추출하는 방법, 빛의 파장을 이용하는 분석법, 잘못된 질병 세포를 자연 퇴출시키는 방법으로 치명적인 진동파를 발견해 응용하는 개가를 올렸다.

라이프 박사는 1930년대 미국 홉킨스 대학에서 의학으로 공부를 시작했다. 그는 연구 중에 세균들이 가지고 있는 고유 주파수를 발견했다. 그리고 원인균에 치명파를 발사해 그 주파수에 해당하는 세균이 죽어 대·소변을 통해 몸 밖으로 빠져나가게 만드는 파동주파수 치료시스템을 개발, 베아링 사의 회장 부인을 비롯한 여러 암 환자를 완치하는데 큰 성과를 올렸다: 그러나 그는 타의에 의해 죽음을 맞아야 했다. 그의 사인은 지금도 의문으로 남아 있다고 한다.

그 후 1970년 로날드 J.윈스탁 박사가 사물을 카메라로 찍어 대상을 사진으로 인화하듯 인체에 유익한 모든 물질을 전사(轉寫)하는 시스템인 핵자기공명파동기기 MRA를 일본의 에모토마사루 박사를 통해 알게 되면서 나의 학문적 기술은 힘을 얻게 된다. 이것은 자신만의 주파수를 감지한 고유한 물(파동수)과 음식을 경험하면서 새로운 길을 찾게 되었고, 나를 제3의 학자로 새로운 삶을 살게 해준 계기가 되었다. 이것은 전문용어로 과잉 보정 현상(Over-Compensation)이라고 할 수 있다. 즉 의식적이든 무의식적이든 우리가 가지고 있는 장애와 결함을 자연의 섭리가 주도하게 하는 에너지 응용의학이자 고도(高度)의 정신 신체의학이며, 파동과학인 것이다.

이것은 1934년 미국 캔사스 주(州)의 글랜 커닝햄이라는 사람이 어린 시절 심한 화상으로 걸을 수 없었음에도 불구하고 당시 세계에서 제일 빠른 달리기 선수(1934년 리더스 다이제스트 기사)가 된 것, 네 개의 손가락으로 피아니스트가 된 이희아, 자폐증을 딛고 영화 말아톤의 실제 주인공이 된 소년, 모차르트, 베토벤, 브루크너가 청각장애라는 막대한 결함에도 위대한 음악가가 될 수 있었던 것, 20세에 장님이 된 조각의 명인 코넬리의 경우와 같다고 할 수 있다. 니콜라스 샌더슨 박사 역시 영국 캠브리지 대학의 수학과와 광학과의 교수인데 세상에 태어난 지 1년도 채 되지 않아 실명했지만 위대한 교수가 되었다.

그리고 이와 유사한 기적이 내게 찾아왔다는 사실에 감사한다. 지금 나의 삶은 덤으로 얻은 삶이다. 이 소중한 삶은 제3의학적 자연치유의 세계가 이루어 낸 결과이며, 이러한 사실은 제3의학이 이론과 설(說)이 난무하는 학문이 아니라는 것을 증명해 준다.

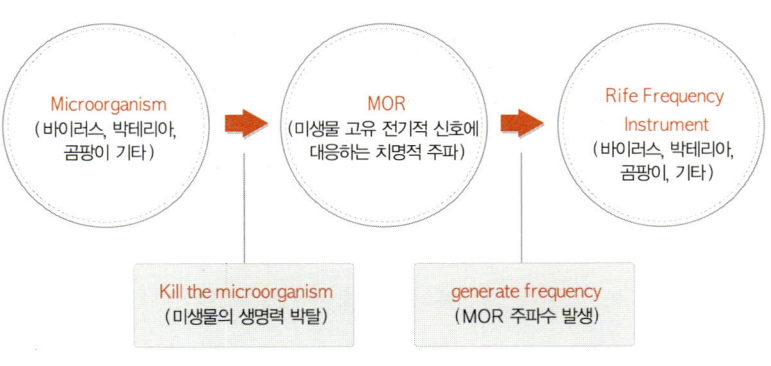

| 로얄 R. 라이프 MOR : Mortal Oscillatory Rate(치명적 진동비율) |

혈액형과 체질을 곱한
164 체질의 제3의학

제3의학은 어느 누구에게도 의존하지 않고 내 몸을 내가 지킨다는 뜻의 스스로 치유법이라 설명할 수 있다. 즉 자신의 몸과 마음을 정복하라고 가르치는 의학인 것이다. 병마를 굴복 시키려면 먼저 자신을 극복해야 한다. 매일 욕망(식탐)을 평정으로 다스려야 하고, 본성을 해치는 지나친 근심에서 벗어나 담백한 마음을 가지려고 노력해야 한다. 마음에 평정이 찾아오면 물리쳐야 할 적이 바로 내 안에 있음을 깨닫게 된다.

각자의 삶은 어느 누가 대신해 살아 줄 수 있는 것이 아니다. 스스로 모든 것을 해결해 나갈 수 있는 지혜만이 자신을 지켜줄 수 있음을 깨달아야 한다.

조선 현종 때의 대학자였던 우암 송시열 선생은 복어를 좋아했다고 한다. 짐작컨대 그의 몸은 열 체질이었을 가능성이 높은데 복어는 성질이 차고 냉해서 열 체질(화·금 체질)의 사람이 먹으면 몸에 이롭다. 요리할 때

양의 성질을 가진 콩나물의 머리를 떼어 내고, 복어와 같이 끓이면 음양이 조화로운 체질식이 된다.

하루는 송시열 선생이 제자들과 함께 어떤 집에 초대되었는데 복어 요리가 나왔다. 송시열 선생이 급히 삼키려고 하자 제자 한 사람이 "선생님, 군자는 음식을 취할 때 그 위험성의 여부를 따져서 드셔야 합니다. 복어는 위험한 식품입니다. 배를 불리려는 목적으로 위험을 무릅쓰면 되겠습니까?"라고 하였다. 제자의 말을 들은 송시열 선생은 곧바로 복어를 내려놓고는 "내가 그 생각을 미처하지 못했네 그려. 과연 그대의 말이 참으로 옳소." 하며 제자의 충고를 고맙게 여겨 식탐을 자제했다고 한다.

이 이야기에서 우리는 누가 제3의학자의 역할을 했는지 쉽게 알 수 있다. 요즈음 주변을 살펴보면 학력이 높은 지식층인 화이트칼라를 쉽게 볼수 있다. 그러나 그 지식인들은 자신의 지식만을 믿고, 그 틀에 갇혀 자신의 잣대로 세상을 평가하려고 한다. 송시열 선생의 덕목도 배워야 할 부분이 많지만, 제자의 자리에서 생각하고 실천하는 노력도 필요하다. 그것이 진정한 학자의 자세이자 제3의학인 것이다.

발현된 혈액형은 표면으로 드러나는 자신의 체질과 기질, 부모의 혈액형을 통한 유전적이고 잠재적인 내적요인을 알아내면 인간 관계 속에서의 외적인 성격 등을 파악할 수 있어 인생을 살아가는 데 많은 도움이 된다.

허준 선생은 인간의 근본 기운이 땅, 불, 바람, 물(地, 火, 風, 水)의 4대요소에서 온다고 보고, 그 구성 비율에 따라 체질이 결정된다고 했다. 이제마 선생은 소음인, 태음인, 소양인, 태양인 등 4가지 타입으로 체질을 분류했는데, 현대에 와서 많은 한의사와 체질연구가들에 의해 맥진과 오링 테스트 등으로 분류되고 있다.

생태현상(生胎現象)에서는 부모의 체질이 서로 다른 경우, 한쪽의 체질을 물려받으며 대개의 경우 부모의 체질을 닮는다는 내용으로 유전자의 영향을 인정했다(박석언 著).

일본의 미호리마리가 약 40가지 유형으로 인간의 기질을 파악해 사람과 사람을 맺어 주는 방법을 구사했던 방향은 이 책의 좋은 본보기가 되었다. 본 체질론에서는 164가지의 유형으로 체질과 기질을 파악해 동서체질론(東西體質論)을 정립하였다. 혈액형별 체질론은 동양사상의 기본 바탕에 유전학적인 혈액형 과학을 접목시켜 그 구성 비율을 절기별로 나눈 것이 특징이다.

A형의 12가지 체질이 4절기로 나뉘어 48가지 체질로 구분
B형의 12가지 체질이 4절기로 나뉘어 48가지 체질로 구분
O형의 9가지 체질이 4절기로 나뉘어 36가지 체질로 구분
AB형의 7가지 체질이 4절기로 나뉘어 28가지 체질로 구분

Rh-의 양과 음 2가지, Rh+의 양과 음 2가지의 유형을 모두 합해 164가지 유형의 체질을 추적, 기본 체질은 물론 숨어 있는 부모의 유전자가 작용하는 내적 체질과 기질을 분류하였다. 여기서 애매모호한 RH-, + 형은 각각 부모의 혈액형과 본인이 태어난 절기를 참고로 분류하면 자신의 체질을 알 수 있다.

나쁜 체질과 병은 잘못된
식습관에서 온 식원병이다

우리 생활 속의 음식물은 단순한 먹을거리를 넘어 천혜의 자연이 주는 귀한 선물이다. 그 음식물이 나쁜 물과 좋은 물을 만났을 때, 빛과 열을 만났을 때, 좋은 소금 혹은 나쁜 소금을 만났을 때, 토기에 담겼을 때, 쇠솥에 담겼을 때, 플라스틱 그릇에 담겼을 때, 사람의 손에 의해 조미료가 가해지고 잡다한 재료들이 섞여 인체에 들어갔을 때, 그 사람의 의식과 소화기 및 건강 상태 등에 무수한 변수를 일으켜 체질의 조화 혹은 부조화가 정해진다.

이러한 것을 미리 알아 내가 먹는 음식이 어떤 질의 것이며, 적정량이 흡수가 되었는가, 체내에 정체가 되었는가, 누구와 같이 음식을 먹고 사는가의 환경적 요인 등에 따라 인체는 건강하게도, 병약하게도 변화한다. 그 조화가 체질과 기질에 변화를 주고, 생명 현상에 막대한 영향을 끼치게 됨을 알아야 한다. 아무것이나, 겉만 보고, 남이 먹으니까, 화풀이로, 배를 채우기 위해, 심심풀이(인스턴트 식품)로 음식을 먹었다가는 가랑비에 옷 젖듯 우리의 몸은 난치병 체질로 변화된다는 사실을 알아야 한다.

이러한 깨달음은 나에게 때늦은 후회와 새로운 다짐의 동기가 되었으며, 제도권 아래에서 세뇌된 의료 건강에 관한 잘못된 가치관을 하나씩 벗겨냈다. 그렇게 해서 '병 하면 병원, 약 하면 약국'으로 굳어진 나의 사고에 변화가 일어나기 시작했다.

국어사전에 보면 습여성성(習與性成)이라는 말이 있다. 이 말은 '습관이 오래되면 마침내 천성이 된다'는 의미이다. 결론적으로 말해서 병 체질, 약 체질로 가는 길은 평소 어느 방향으로 습관을 들였느냐에 달렸다. 올바른 습관의 습여성성과 나쁜 습관의 습여성성은 결국 자신이 죽고 사는 문제와 깊이 연관된다.

살인마가 가지고 있는 사이코 패스라는 정신 질환은 우연히 생기는 것이 아니다. 부정적인 감정과 환경 속에서 체질에 맞지 않는 음식물을 섭취할 때 그것은 그 사람의 에너지가 되고, 더 크게는 그의 삶이 되어 악의 기질 파동과 체질 파동을 부추기는 원인이 된다. 특히 요식업에 종사하는 업주들과 건강 산업을 주업으로 하는 이들이 제공하는 먹을거리는 사람의 체질에 따라 독이 될 수도, 약이 될 수도 있기 때문에 사명감으로 음식을 만들어야 한다고 부탁하고 싶다.

그러나 안타깝게도 우리의 현실은 이렇다. 한국은 A형이 약 34.5%, B형이 약 27%, O형이 약 28%, AB형이 약 10.5%를 차지하고 있다. 이 비율을 분석해 보면 A형이나 B형 위주의 식단이 짜여져야(A형 B형, AB형을 합치면 70%가 넘는다)되는데 먹을거리가 상업화되고, 기업의 관여로 산업화되면서 O형(국민의 27%) 위주의 식단으로 치우치는 현상이 일어나고 있다는 것이다. 확대해서 말하자면 전 세계가 O형의 라이프 스타일에 길들여지고 있는 것이다. 이러한 현상은 O형의 특징 중 하나인 강한 밀어붙이기 파동으로 O형 스타일의 마케팅 기법이 주를 이루는 식품 시장구조를 형성하게 했다.

좀더 구체적으로 생각해 보자. 요즘은 어느 식당에 가나 물컵에 차가운 냉수가 나온다. 국민 모두가 열 체질(O형)이 되는 순간이다. 푸른색 일색인 쌈밥도 열 체질 위주의 식단이다. 그나마 따끈한 된장찌개가 곁들여지면 다행이다. 생선회도 거의가 열 체질 위주의 재료들이다. 음 체질이 먹어야 할 것은 뷔페식당에나 가야 그나마 찾을 수 있는데 그곳도 사실은 거의가 열 체질 위주의 재료로 만든 음식들이다.

한술 더 떠 유명한 ○○호텔 홍보 담당은 유명 일간지 전면을 통해 뷔페음식을 효율적으로 먹는 방법을 이렇게 소개했다. 120여 가지의 음식 중 샐러드, 훈제연어 등 차가운 음식을 먼저(냉한 체질의 사람은 위장의 경직을 일으킨다.) 먹고, 스프나 죽으로 배를 불린 후 다시 차가운 음식을 먹고 더운 음식을 먹으면 본전을 뽑는다는 것이다. 찬 음식은 찬 것끼리 채소는 채소끼리 먹으라고 권하면서 온 국민을 열 체질로 몰아 A형이나 B형, 까다로운 체질의 AB형의 체질은 전혀 고려하지 않은 미식론을 펴고 있다. 이것은 인간의 체질을 전혀 고려하지 않은 질보다는 양으로 승부하는 음식업 문화와 지식이 낳은 결과이다. 더 큰 문제는 이러한 식당의 대부분이 정제된 나쁜 소금(백색의 고운 꽃소금)으로 음식을 만들고 있다는 점이다.

현재 우리가 먹는 먹을거리의 대부분은 대량생산, 대량소비의 공장생산 시스템으로 생산된다. 화학비료나 농약, 수은이 함유된 제초제를 뿌리지 않은 신선한 식품을 취할 수 있었던 과거와는 달리 지금은 정백식품을 비롯한 육식의 과잉 출하와 다량의 화학물질이 첨가된 인스턴트 식품, 공장에서 쏟아지는 가공식품을 비판 없이 받아들이고 있는 실정이다.

이것은 경제적으로도 상당한 손실을 부른다. 쇠고기 1kg을 생산하기 위해 소에게 먹이는 곡물이 무려 4kg이나 든다고 한다. 또 이것을 가공하기 위해 드는 비용은 인간의 건강에 백해무익(百害無益)한 생산 공정이며, 경제적인 논리로도 불합리한 것이다. 이것은 가공식품에 입맛이 길들여진 식생활 문화로 암 발병을 부추기는 식원병(食源病)의 원흉인 것이다. 공장에서 첨가하는 인공향료나 첨가제는 많은 문제를 안고 있다. 그러한 물질은 아무리 적은 양이라 해도 체내에서 이물질(異物質)로 작용하기 때문이다. 인체에 해롭지 않은 화학 첨가제는 없으며, 인체에 해롭지 않다는 홍보 문구는 역설적으로 유해물질이 첨가되어 있음을 시사한다.

전염성, 세균성 등의 외적요인에 의한 병과는 달리 위와 같은 식품을 섭취함으로써 체내에 축적된 공해 물질에 의한 내적인 유전정보의 변이와 대사장해(代謝障害)의 요인은 고도비만을 부르고, 어린이 당뇨, 백혈병 등 무수히 많은 질병을 일으키는 주요 원인이 된다.

식원병 이라는 단어는 일본의 자연양생법을 지도하는 학자들 사이에서 쓰이기 시작했다. 국어사전에는 없는 신조어로 현대인의 난치병 실태를 꼬집는 함축적인 단어이기도 하다. 식원병은 인체가 필요로 하는 효소가 결핍되면 그에 따른 생체 변이를 일으켜 체질의 산성화를 부른다. 그 후 각각의 장기가 소리를 내고 색깔을 내면서 이상 신호를 보내는 증상이 나타난다. 그러나 증상은 어디까지나 증상일 뿐, 병으로 착각하거나 너무 앞서 인위적으로 치료를 하게 되면 치료행위 자체가 문제를 일으키는 경우가 많다.

자신의 체질에 맞지 않는 음식을 술과 함께 먹고 부작용을 이기지 못해 사망하는 사건이 때때로 일어나는 것을 보아도 알 수 있다. 어쩔 수 없이 분위기에 휩쓸려 체질에 맞지 않은 음식을 먹은 날은 체내에서 전쟁이 일어난다. 이상 발효 현상으로 가스가 생성되는 등, 체내는 그야말로 초토화가 되어 버린다. 입 안에서는 쓰디쓴 악취가 나고, 몸은 천근만근으로 무거워 간이 망가지는 증거가 나타난다. 밤사이 우리의 체질은 엉망이 되는 것이다. 나른해진 몸은 스트레스를 일으키고, 어쩔 수 없이 또 몸을 망치는 음식을 먹고 망가지는 일이 반복되면서 결국 병원과 약에 의지하는 체질로 변해가는 것이다. 그렇게 하루하루 몸이 죽어 가는 것을 모른 체 말이다.

돈이 되면 너나 할 것 없이 몰려들어 체인 사업화가 되어버리는 식품업의 시장 구조 속에서 소비자는 희생양이 될 수밖에 없는 안타까운 현실이다. 도대체 누구를 위한 먹을거리인가? 강제쏠림 파동현상은 세계적인 추세로 우리의 먹을거리와 정신세계까지 잠식해 버렸다. 누구를 탓할 수 있을까? 결국 내 몸은 스스로 지켜나갈 수밖에 없다는 결론에 이른다.

밥상머리 교육이
다시 이루어져야 한다

명심보감 에 "주춧돌이 축축해지면 우산을 펼 준비를 하고 외출을 하라(초윤장산, 礎潤張傘)." 는 말이 있다. 옛 어른들은 주춧돌을 보고 비가 내릴 것을 미리 알아 우산을 준비했을 정도로 사물에 나타난 파동(현상)을 감지했다는 의미이다. "방귀가 잦으면 똥 싸기 쉽다." 는 말이나 "쑥이 쑥쑥 잘 자라는 걸 보니 올해는 가물겠다." 는 말 역시 어떠한 현상 또는 많은 경험을 통한 예견을 일컫는 말이다. 그러나 초윤장산(礎潤張傘)이라는 격언은 그 보다 한 수 위의 선견지명이 아닐까 한다.

　건강에 이상이 생기면 우리 몸의 어디에서든 조짐이 나타나기 시작한다. 성장하는 어린이가 인스턴트 음식(자연물, 천연물이 아닌 우유를 포함한 모든 기호식, 가공품, 라면 등)을 자주 섭취할 경우나 과다한 약을 복용했을 경우, 신경전달 체계가 상하면서 'ADHD(과잉행동장애증)' 가 나타나고, 그 증상은 잦은 짜증, 화를 잘 내고(간이 망가지는 전조증) 매사에 부정적이며, 폭음, 야식, 미식, 무기력, 폭력적, 긴장, 초조함, 시기, 알레르기 등

암 체질로 가는 조짐을 보인다는 것이다.

우리의 생활 근거지가 도시화되고, 주거문화가 아파트로 변화되고, 아날로그 시대의 여유와 느림의 미학이 사라지기 시작하면서 이러한 현상은 구체적으로 나타나기 시작했다.

<big>어르신들이</big> 밥상머리 교육에서 하시던 말씀이 있다. '너무 많이 먹으면 식충(食蟲)이 된다', '좀 더 먹고 싶다고 느낄 때 숟가락을 놓아라', '밥의 양은 위의 7~8할 정도가 적당하다'는 말이 그것이다. 과체중인 사람은 명심해야 할 대목이다.

음식에 대한 자기 절제와 정확한 체질에 맞춰 먹는 습관, 마사이족처럼 뒤꿈치를 먼저 땅에 닿도록 꼿꼿하게 걷는 걸음걸이, 해가 뜨면 일어나 일(공부)을 하고 해가 지면 잠을 자는 규칙적인 생활, 타인은 적이라는 편협한 사고방식을 버리고 스트레스와 걱정을 음악으로 승화시키는 것, 인스턴트 음식을 삼가고 밤새는 일은 피하는 것이 올바른 몸과 정신을 만드는 생활이다. 스트레스를 가득 안고 밤을 새는 사람은 그렇지 않은 사람에 비해 수명이 약 13~15년 정도 줄어든다고 한다.

아침의 태양은 사람과 만물을 깨우고, 칠흑 같은 밤은 사람과 만물을 잠재우는 것이 자연의 섭리이기 때문에 이것을 거스르는 생활은 우리의 육신에 나쁜 영향을 미치는 것이다. 요즘 20대의 젊은 세대에서 폐결핵의 발병률이 높아진 것도 우주의 섭리를 저버린 먹을거리와 컴퓨터 밤샘작업의 요인이 크다는 것이다.

식욕, 색욕, 명예욕, 물욕에 의연히 대처하고 직관적인 자세로 삶을 살아가는 것이 건강한 삶의 바로미터임을 명심하자. 공복감은 정신이 공허할 때 더 많이 느끼게 되는데 그럴 때는 자신의 의식세계를 들여다보는 여유를 가지고 허기짐의 원인이 습관화된 식욕이 아닌지 살펴볼 필요가 있다.

이것은 다른 욕망에도 똑같이 적용된다. 그리고 이렇게 자신의 내면으로 침잠(沈潛)해 정신을 가다듬는 과정은 우리 몸의 자연 양생 능력을 한층 높이고, 자연히 건강한 몸과 즐겁고 아름다운 삶을 만들어 주는 것이다.

더 이상 청정한 자연을 찾아보기 힘든 요즘, 각종 화학 약품에 노출된 식량과 유전자 조작 수입 농산물에 점령당한 우리의 식탁과 이겨야만 살아남는 무한경쟁은 어린 학생들의 성품을 이기주의 체질로 만들고 있다.

이제라도 밥 한 공기, 김치 한 가지라도 감사한 마음으로 먹을 수 있는 밥상머리 교육이 다시 이루어져야 한다. 귀하고 맛있는 요리를 만들면 어른을 먼저 챙겨드리는 예절을 실천하고, 자연식이 생활화될 때, 알레르기, 천식, 병, 약골, 비만한 아이들이 저절로 본성을 찾아 제 몸을 다스리게 될 것이다. 이러한 생활의 실천은 명심보감에서 가르치는 가정경영의 본보기로 치가의학(治家醫學)을 이루고, 수신제가(修身齊家)해서 기업을 경영하고 단체를 이끌어 치국평천하(治國平天下)를 이룬 성현들의 뜻을 좇아 진정한 인생의 승리자를 만들 것이다.

체질을 모르고 먹는
비타민은 독이 될 수 있다

제 아무리 좋은 비타민과 음식도 내 체질에 맞는 것인지 아닌지를 철저히 가려 먹어야 한다. 그렇다고 해서 편식을 하라는 의미가 아니다. 편식은 자신의 입맛에 길들여진 음식(당분을 지나치게, 육식을 지나치게, 인스턴트를 지나치게, 기호식품을 지나치게 등)만을 먹고자 하는 나쁜 악습이지만 '철저히 가려 먹어라' 는 자신의 체질에 맞는 유익한 것을 골라 먹어야 보약 이상의 이득을 볼 수 있다는 뜻이다.

지금까지 소개된 사상체질학, 팔상체질학 등을 생활의학에 적용하는 데는 많은 한계가 있다. 체질을 분류할 때는 주로 O링 테스트를 하는데 관찰자와 피관찰대상자 사이의 교감신경이 교차하는 과정에서 당시의 주변 환경과 먹었던 음식물, 정신 상태에 따라 생겨나는 파동이 달라지기 때문에 정확한 체질을 가리는 데 한계가 있고, 애매모호한 부분이 많다는 의견이 대부분이다.

체질을 연구하는 연구자들이 항상 고심하는 것은 기업에서 출시한 건강기능성 식품이 조합 과정에서 과연 소비자들의 체질을 얼마나 고려해 만들어졌는가 하는 부분이다. 거의 대다수의 기업들이 성분 자체에 중점을 두고 제품을 개발·홍보하고, 매출 극대화를 위해 가짜 체험군단까지 등장시키고 있기 때문이다.

독일의 예르크 치틀라우가 그의 저서 《비타민 쇼크》에 실질적인 사례를 들어 비타민의 과신과 과용의 위험성을 지적한 부분은 내가 우려했던 그대로였다. 저자는 합성된, 즉 화학적 혹은 생물 공학적으로 대량 제조된 비타민을 과다 복용했을 경우 야기되는 폐해(폐암 발생 우려 등)를 말하고 있다. 이것은 이러한 사실을 모른 체 비타민제를 복용하는 사람들을 대상으로 매년 비타민제 생산에 2,000억 이상을 쏟아 붓고 있는 국내 기업에게 향후 5년 이내에 일어날 사태를 경고하는 메시지인 셈이다.

언젠가 TV에서 어느 의사가 비타민의 장점을 피력한 적이 있었다. 그날 이후 전국의 약국에 쌓여 있던 비타민제들은 재고까지 팔려나갔고, 갑자기 불어온 비타민 신드롬에 제약회사들은 높은 판매고를 올리기 시작했다. 어떤 비타민 음료회사는 인기 있는 연예인을 광고 모델로 한 홍보 효과로 엄청난 수익을 올리고 있는 것이 지금의 현실이다. 그러자 한국식품의약품안전청에서는 비타민제에 대한 조사에 착수했고, 과대광고로 왜곡된 제품에 대해 위법조치를 취하고 언론에 발표하기에 이르렀다.

2005년 2월 26일자 인터넷 Paran 뉴스에서는 '당신이 먹는 합성 비타민! 약 아닌 독'이라는 기사로 합성 비타민을 비판 없이 사먹고 있는 국민들에게 경각심을 일깨우는 기사를 보도하기도 했다. 그렇다면 비타민은 어떻게 먹어야 하는 것일까?

혈액형에 따라 해가 되고 득이 되는 비타민을 정리하면 다음과 같다.

B형 소음인은 간 기능이 왕성한 편이다. 간 기능이 왕성하다는 것은 자연식품에 들어 있는 소량의 비타민 C라도 흡수 능력이 좋아 합성 비타민이 필요 없을 뿐만 아니라 비타민 C의 과잉이 오히려 질병을 만드는 결과가 되어 알레르기 질환을 보이기도 하고, 또 다른 요인과 결합해 성인병을 일으킬 수 있다는 뜻이다. B형 소음인에게는 비타민 A와 D가 함유된 합성 비타민이 아닌 자연식품을 권한다.

O형은 비타민 C가 좋고, 비타민 A와 B는 해롭다. O형(소양인)은 간 기능이 별로 왕성하지 못하기 때문에 신맛의 과일이나 비타민 C가 많이 들어 있는 곡류와 채소를 정량 이상 먹어도 체질적으로 흡수율이 약해 별다른 이상 없이 필요 외 부분은 체외로 배출한다. 단, 체외로 빠져나갈 때는 소리 없이 나가는 것이 아니고 알레르기를 일으키며 빠져나간다. 특히 비타민 A나 B는 해로우므로 유의해야 한다는 보고가 있다. 필요 이상의 비타민 정제를 가까이 할 필요가 없다는 결론이다.

비타민 E는 AB형(화 체질)에게 도움이 된다. 인간은 남녀의 구분없이 갱년기를 겪게 되는데 특히 여성들이 폐경기의 골다공증 예방과 치료를 위해 비타민 E가 들어있는 영양제 등을 많이 복용한다. 체질적으로 생식 기능이 비교적 약한 편인 AB형(태양인)에게는 도움이 될 수 있으나, A형(태음인)은 왕성한 생식기능 때문에 오히려 건강을 망칠 수가 있다. 양기부족, 조루, 발기부전, 전립선비대증, 전립선염, 요실금, 유뇨증(遺尿症), 소변빈삭(小便頻數) 등의 병이 염려되는 남성 중에도 비타민 E를 복용하는 사람이 있는데 이 역시 AB형에게는 좋을지 몰라도 A형(태음인)에게는 나쁜 결과를 초래할 수 있다. A형(태음인)은 비타민 B가 함유된 식품으로 대체하는 것이 이롭다. 이처럼 몸에 좋다고 하는 비타민도 체질을 잘못 알고 먹을 경우 몸에 해가 되는 경우가 많다. 따라서 음식은 정확한 체질을 알고 난 후에 그에 따라 먹어야만 건강을 지키는 것은 물론 병을 물리칠 수 있다.

음식을 가려먹기만 해도
암은 치유된다

 **감자와** 담배나무, 피망, 토마토는 가지 속(deadly nightshade)과
의 유럽 사람들이 두려워 가까이 하지 못했던 흰 독말풀
류(thorn-apple)로 아메리카 대륙으로부터 유입된 강한 독성 알칼로이드가
함유된 식물이다. 수은과 맞먹는 독성으로 극한 상황에서 어쩔 수 없이 법
제를 통해 쓰던 풀이었다. 20세기에 유전자 재조합을 연구하던 학자들이
강성(强性)을 이용한 저장성과 열악한 환경에서 잘 견디는 감자, 토마토를
계발, 인구가 폭발할 지경으로 늘어나던 그때 기근으로 허덕이는 배고픈
자들을 대상으로 먹게 하면서부터 발전해 오늘날 우리 식탁에 빼놓을 수
없는 메뉴가 되었다.

토마토의 라틴 명칭은 Solanum lycopersicum으로 처음에는 독성 때문
에 음식으로 인정받지 못했지만, 오늘날 유전자 재조합 기술의 발달로 체
리토마토, 방울토마토 등 종류가 다양해졌다.

인지학자들은 감자, 토마토, 버섯류를 비롯해 지구 진화 이전의 이상 조
류(藻類)인 우뭇가사리가 악성 종양이 뻗어 나가는 파동(波動-메커니즘)과

유사성이 많다는 것에 주목했다. 오랜 연구와 사례를 검토한 결과 단순히 영양만을 고려해 주장하는 식품과 또 다른 제3의 잡종과 유전자 재조합(짜깁기 음식)을 이룬 것이라면 암을 염려하는 사람들에게 절대로 유리할 수 없다는 견해를 밝힌 바 있다.

부정적인 유전자 암세포는 질서를 싫어하고, 자신만의 특성으로 뻗어나가길 좋아한다. 사람은 혈액형별로 체질과 기질, 성격, 품격을 갖게 되고, 반드시 그 체질에 따른 병리(病理)현상을 갖게 된다. 인간은 언젠가 죽는 존재이지만 자신이 죽은 이유도 모른 채 잘못 먹은 음식과 무지(無智)로 혼미해진 육체로 세상을 떠나는 것은 바라지 않을 것이다.

나에게 러시아 황실요법을 전수해준 러시아의 공훈의사이자 국립 마조로프어린이 병원장 보리스 캄모프 박사는 러시아에서 주로 어린이 백혈병(혈액암) 환자를 고쳐내는 인지학적 의학자로 저명하다. 우리 연구소의 초청(1997년 7월)으로 국내 여러 학자들과 개최한 심포지엄에서 박사는 피가 혼탁한 환자와 현대인들이 먹지 말아야 할 것에 대해 언급하기도 했다.

피와 유사한 빛깔의 열매(토마토류)와 인공적인 것처럼 유난히 빛나고 예쁜 색(농약을 머금은 색)의 열매, 빈약한 가지에 많은 열매를 매단 식물이 독하고, 생체 에너지가 부정하다고 발표한 적이 있는데 그 중 토마토는 사람이나 동물의 간 기능이 나빠졌을 때 집중적으로 사용하기는 하지만 암이 의심되는 사람에게는 부적절한 파동(波動) 에너지를 전달할 수 있어 오히려 부조화를 일으킬 수 있다는 것이다. 간은 우리의 장기 중 가장 독립돼 있는 장기로 독립하기 좋아하는 토마토와 전자적 신호체계의 고유 값이 흡사하다고 한다. 즉 고유의 분자진동양식(Molecular Oscillator Pattern)이 유사한 인체의 간이 토마토를 좋아한다고 해도 유기농이 아닌 농약을 잔뜩 머금었거나 유전자가 재조합된 토마토라면 굳이 찾아 먹을 필요가 없으며, 오히려 위험할 수도 있다는 것이다.

토마토는 식물 중 가장 붙임성이 떨어지는 식물로 외부의 어떤 에너지와도 동화되지 않는 특성을 갖고 있다. 독불장군의 고유 에너지를 가진 식물의 대표격인 셈이다. 농작물은 각종 미생물과 풀 등이 어우러져 잘 발효된 거름과 흙, 물, 바람, 태양의 조화 속에서 인간에게 유익한 농산물이 되는데 반해 토마토는 동물의 똥과 썩지 않는 음식 찌꺼기를 좋아해 독자적인 환경을 만드는 독특한 성질을 지녔다. 그러한 본성은 인체에서 독자적인 환경으로 뻗어 나가는 암의 특성과 흡사하다는 결론이다.

　감자 역시 토마토와 마찬가지로 인체에 흡수되는 과정에서 소화기관을 가볍게 스쳐 두뇌를 필요 이상 자극해 다른 신체기관이 주는 영향을 거부하게 만드는 특성을 지녔기 때문에 고집과 횡포라는 인성의 요소로 작용한다는 것이다. 또 암 환자의 경우 질병 치유를 위해 섭취하는 음식물과 약물의 흡수를 방해할 수도 있다는 결론이다. 평소 고집이 세고 남의 충고를 받아들이지 않는 성품을 지닌 사람이라면 한번쯤 자신이 먹는 음식물을 살펴볼 필요가 있다. 자신이 섭취한 음식이 곧 자신이 되기 때문이다. 성품이 너무 강하고 황소고집이라는 사람의 식성을 살펴보면 재미난 답을 얻을 것이다.

　게다가 감자와 토마토는 20세기 이후 농산물의 대량 생산을 위해 유전자 재조합이 가미된 식물이다. 순수한 몸을 원하거나 암 발병이 의심되는 사람이라면 필요 이상의 음식 섭취를 금하는 것이 무엇보다 중요하다는 것을 인식해야 한다. 그리고 이러한 메커니즘은 유럽의 정신과학 학자들에 의한 임상실험 결과 인체에 미치는 폐해가 크다는 사실이 인정되기도 했다.

　영국은 유럽에서도 유전자 조작 식품의 유해론에 가장 민감한 나라로 지난 1998년 8월 로웨트(Rowett) 연구소에서는 유전자 조작의 결과물인 '해충저항(살충 단백질)농작물'에 대한 실험을 했다.

　식물의 세포에 살충 효소가 들어가도록 조작된 이 식물은 해충이 먹을 경우 죽게 되어 살충제가 필요 없는 환경보호에 앞장서는 식물이라는 꿈의 농작물이었다. 그러나 연구소의 푸스차이(A Pusztai) 박사는 과연 인간이 이 식물을 먹었을 때 인간에게 해가 없을까에 의문을 제기했고, 이에 따른 실험을 진행했다. 스노드롭(Snowdrop)의 렉틴이라는 살충단백질을 생성시키는 유전자 조작 감자를 장기간(약 110일), 단기간(약 10일)을 설정해 보통의 감자와 유전자 조작 감자를 쥐에게 먹인 결과 예상했던 일이 벌어졌다.

쥐의 모든 장기의 중량이 저하되었고, 면역기능(비장, 흉선)의 저하, 신진대사 저하, 성장 능력의 감퇴 등 심각한 문제가 밝혀졌다. 당연히 안정성에 있어 인간에게 매우 불리한 것으로 판단되었다. 그러나 불행히도 푸스차이 교수는 실험 결과를 발표한 지 이틀 만에 당국으로부터 해고되었고, 실험 데이터를 몰수당하고 말았다. 마치 로얄라이프 박사가 MOR 시스템의 성공 이후에 의문의 죽음을 맞이한 것처럼 말이다.

다행히도 그 밖의 13개 나라의 유전자 조작학자, 의학자, 독극물 실험학자들의 실험 결과가 푸스차이 교수의 실험이 옳았음을 입증하게 되었다. 이를 계기로 영국 정부는 푸스차이 교수의 명예를 회복시켰고, 1999년 2월 21일자 〈가디언(Guardian)〉지는 스노드롭 생성 유전자를 촉진하기 위해 이용된 DNA 단편인 콜리플라워 모자이크 바이러스(CaMV: Cauliflower Mosaic Virus)의 프로모터에 문제가 있었다고 발표했다.

그러나 아이러니한 것은 이 모자이크의 특허권을 몬산토사가 가지고 있었으며, 14만 파운드의 지원금을 주는 연구소가 로웨트 연구소였다는 점이다. 문어발 형식으로 뻗어나가는 세계적인 유전자 조작 식품의 대명사인 몬산토사는 무슨 생각으로 푸스차이 교수진에게 지원금을 주었던 것일까? 요즘 우리의 밥상에도 콜리플라워가 오르곤 하는데 과연 안전할지 모르겠다는 생각이다.

삶 속에 뿌리 내린
유전자 변형 물질

미국의 경제 사정이 탐탁지 않았던 1980년 6월 미연방최고법원
은 '연구실에서 만들어 낸 생물은 특허 대상이 될 수 있
다.'라는 판결을 내렸다. 그러나 유전자 변형에 관한 연구는 생물재해라는
지적에도 불구하고 연구실에 갇혀 있던 유전자 변형 관련 물질들은 연구실
을 뛰쳐나와 거대한 경제계와 손을 잡게 되었다. 그리고 이것은 유전자 변
형 물질이 오늘날 우리의 삶 속에 깊이 뿌리 내린 시초가 되었다.

이 선언은 바이오테크 기업의 입지를 확고히 하고 돈방석에 올라앉을 수
있는 절호의 찬스를 만들어 주었다. 금융계가 들썩이고, 주가가 폭등하고,
그 붐을 타고 바이오젠사와 세터스사가 탄생했고, 세계적 다국적 기업인
듀퐁사, 업존사, 액슨사, 다우캐미컬사 등이 직접 참여해 거대한 금융업 또
한 호황을 누리게 되었다.

유럽이나 일본도 이러한 가드라인을 모방해 1979년 3월, 문부성은 각 대
학이나 연구기관을 대상으로 '변형 DNA실험 지침'을 공표, 과학 기술청은
이 같은 내용의 지침을 일반인에게 공포하기에 이르렀다. 일본은 그 열풍

에 뒤질세라 '꿈의 신기술'을 강조하면서 유전자 변형이나 세포 융합을 부각 시키곤 했다. 건강식품은 선별해서 먹든지 안 먹으면 되지만, 변형 의약품은 이미 건강이 나빠져 있는 비 건강인을 대상으로 만들어졌다는데 더 큰 우려를 낳는다. 꿈의 항암제라 불리는 인터페론(Interferon)과 당뇨병 치료제인 인슐린(Insulin), 성장호르몬, B형 간염 완친(Vakzin) 등이 대표적인 케이스다. 인터페론에는 알파, 베타, 감마의 세 형태가 있는데 그 역할과 성능이 다르기 때문에 오랜 기간 개발해 상품화에 성공한 기업은 토우레와 다이이치 제약이라는 발표가 있었다.

뿐만 아니라 그 외에도 약 30여 개 회사가 유전공학 기법을 실용화하기 위해 개발 전선에 뛰어들었고, 악성흑색종(惡性黑色腫 ; Malanoma)과 뇌종양에 쓰인 페론(feron)은 베타형이었다고 한다. 원래 인터페론은 바이러스의 억제 인자로 인체의 면역력이 높으면 인체 내에서 스스로 만들어진다. 바이러스 활동을 직접적으로 저지하는 것이 아니라 바이러스의 숙주가 되는 세포에 작용해 세포 자체가 바이러스에 대한 저항력을 갖게 하는 중요한 메커니즘인 것이다.

인체 내에서 생산량이 적은 인터페론을 의약품으로 대체해야 했던 제약회사들은 인터페론의 유전자를 대장균 등에 집어넣고 배양시켜 대량생산을 시도하였다. 당시 인터페론의 보험 약가는 1g당 약 45억 엔, 한화 약 450억이 넘는 액수였다. 개발자나 기업으로서는 만세를 부르지 않을 수 없는 일이었다. 그 후에도 알파인터페론이 선보이면서 신장암, 다발성 골수종, 특정 B형 만성 활동성 간염의 바이러스혈중 개선제 등이 나왔고, 감마인터페론은 신장암, 균상골육종(菌狀骨肉腫) 등에 사용되기 시작해 그 후 C형 간염에 쓰이기도 했다. 그 후 인간 성장호르몬이라는 소마토놈(Somatonorm)과 변형 대장균을 사용한 메시오닌(Methionine)이 등장했고, 제너럴사가 개발한 천연형 인간 성장호르몬이 나와 소마토놈을 대체하기도 했다.

1986년 환경보호단체의 맹렬한 반대에도 불구하고 미국 어드밴스제네틱 사이언스사는 변형미생물(Frostban)의 야외 실험을 계속 진행했고, 유럽, 일본 등의 각 선진국에서는 이러한 바이오테크놀로지를 국가 경쟁력으로 삼기 위해 혈안이 되었다.

암에 걸리면 너무나 황당한 약(대장균을 통한 불순한 약이기에)을 너무나 황당한 가격을 치루면서 복용해야 하는 이 시대에 우리는 무엇을, 어떻게, 얼마나, 어떤 자세로 먹고 살아야 하는가를 고심해야 하는 것이다.

탐욕의 음식과 인성

기원전 1세기말 인지학자들의 원래의 모임이자 예수도 일원이었다는 설이 있는 신지학(神智學)의 엣세네(Essenes)학파와 파리사이(Pharisae)학파, 사드카이(Soddcae)학파의 후예들의 맥을 잇는 인지학자들은 먹을거리와 인간의 카르마를 심히 염려하고 있었다.

인간은 오감과 육감으로 지각할 수 있는 육체와 그 이상의 형이상학적인 바이오 에너지를 지니고 있는데 이 느낌, 즉 생체 오라 에너지를 잃어버리면 인간을 '죽었다'고 표현한다. 육체와 육체를 둘러싸고 있는 바이오 에너지는 적당량의 적절한 음식물을 통해 영양과 에너지를 공급 받는다. 그러나 오늘날 인간의 에너지 공급원인 먹을거리가 경제 논리에 상업화되면서부터 재앙의 원인이 되었다.

카르마는 산스크리트어로 업보 또는 인과응보로 풀이된다. 잘못된 음식물은 성격의 부조화와 비틀어진 체질을 만들고 그러한 기질은 가정과 사회를 어지럽힌다. 이 총체적 부조화가 영혼의 부조화로 귀결돼 결과적으로 영혼을 좀먹는 현생의 죄과를 받게 된다는 의미이다.

다른 한편의 인지학자들은 카르마가 징벌이 아닌 개인이 과거와 현재의 세계에서 지은 죄와 실수를 긍정적으로 보상하라는 기회의 뜻이라고 풀이하기도 한다. 그러기 위해서는 전생의 나와 현생의 나, 그리고 후생의 나를 위해 한 끼 식사를 할 때도 성찬(聖餐)을 대하듯 해야 하며, 음식물 하나하나에 불성(佛聖)을 느끼고 감사하는 마음을 가져야 한다는 것이다.

치가(治家)는 명심보감에 있는 말 그대로 건강한 가정을 이끌며 치료하는 철학과 윤리, 도덕을 실천해야 한다는 뜻이다. 맹자 어머니의 철학과 교육관, 한석봉의 어머니, 신사임당 등이 그 예로 오늘날 과연 우리는 얼마나 치가(治家)를 실행하고 있는지 반성해야 할 일이다.

가까운 이웃에 나와 먼 친척이 되는 가족이 있다. 고3 수험생인 딸과 중학교 3학년의 아들을 둔 이 집의 가장은 대형약국을 경영하는 약사 신분이고, 부인은 취미생활을 하며 두 아이를 뒷바라지하는 전업 주부다. 이 가족의 평소 식생활은 신선한 물보다는 약국에서 취급하는 건강 음료를 상식하고, 냉장고에 온갖 잡다한 음식을 가득 채워놓고 있으며, 육식을 먹을 때 맹수처럼 탐욕스럽게 먹는 공격적인 성격을 가진 유형이다.

남편의 혈액형은 O형, 부인의 혈액형은 B형으로 딸아이가 O형, 아들이 B형이다. 딸아이의 라이프 스타일은 '용양호시형'으로 삶에 대한 본능이 강하고, 독불장군의 기질과 자신의 건강을 지나치게 과시하는 경향이 있다. 이곳저곳 간섭할 일이 많아 과도한 체력 소모와 체질 관리에 미흡한 약점을 가지고 태어났는데 거기다 부친이 술을 좋아해 심하게 취한 상태에서 아이를 잉태했을 가능성도 높았다.

혈액형별 체질론에서 제시했듯 O형(여름, 화 체질)의 부친과 B형(여름, 화 체질)의 모친 사이에서 출생한 O형은 불 같은 화 체질로 혈관, 혈액 계통의 질환을 조심해야 한다는 결론이 도출된다. 모든 체질이 그러하듯 음식에서부터 체질 관리까지 맞춤으로 잘 선택해 심혈관을 부추기는 환경을 바로잡아야 하는 과제를 안고 있던 딸아이에게 큰 문제가 생기고 말았다. 간혹 느끼는 어지럼증, 양치할 때의 매슥거림, 피로와 권태감을 단순히 전자파 증후군이나 수험생 증후군으로만 여겼던 것이다. 그러나 딸아이는 말기 암 진단을 받고 말았다. 후회하고 통곡해도 이미 늦은 발견이었고, 돌이킬 수 없는 일이었다. 음식을 '아귀같이 먹지 말라'는 충고를 한 귀로 흘려들었던 자만의 결과이기도 했다.

　사실 자연친화적인 먹을거리를 섭취하면서 식사하는 매 순간 감사하는 마음으로 음식을 대하는 의식은 중요하다. 인지학자들이 지적하는 식품과 인체 오라(모든 살아 있는 동 · 식물은 그 나름의 광(光)을 가지고 있는데 이것을 전문 용어로 오라라고 한다. 인체는 약 7겹의 오라로 둘러싸여 있으며, 무기물과 광석도 특유의 오라가 있다)의 중첩기간을 익혀두면 식품을 대할 때의 자세가 달라질 수 있다. 그리고 이러한 음식 카르마의 개선이야 말로 인간 세상의 혼탁함을 뿌리부터 바로잡아 인간에 대한 사랑과 자비, 평안을 주는 바로미터가 된다는 결론이다.

혈액형별
라이프 스타일 분석

우리나라 에도 혈액형과 체질을 분류해 연구한 학자들이 여러 사람 있는데 권도원 박사와 《혈액형이 체질이다》의 조대일, 한의사 김달래, 《의식의 두 얼굴》의 밀풍 리농, 《상식을 뛰어넘는 체질혁명》의 서병춘, 《사상체질 다이어트》의 김수범 등은 생명사상이 투철한 학자들로 지적 소유권에 욕심내지 않고, 묵묵히 맡은 바 소임을 다하는 체질 전문가들이다.

이들 역시 인류의 체질을 사상의학적으로 단순히 4가지 또는 8가지로 구분하는 것에 약점이 있다는 것에 동감하리라 믿는다. 나 역시 다른 학자들과 마찬가지로 소신과 열망을 성취하고 실행하기 위해 20년 넘게 체질에 관한 연구를 하고 있다.

그 결과 혈액형별(체질별) 라이프 스타일에 관한 시스템 컨텐츠를 수년 전에 특허 출원하게 되었고, 몇 번이나 불가능하다는 소식을 들었지만 2004년 12월 28일 발명특허를 취득하게 되었다.

당시 특허 불가의 이유는 개인이 인류 공유의 과학인 혈액형을 바탕으로 특허를 받아 독식하는가의 문제 때문이었다. 나는 오랜 경험과 관찰을 통해 많은 사람들이 체질 관리를 하지 않은 결과 건강 악화로 불행한 삶을 살고 있다는 것을 피력했다. 특허의 목적은 그것을 바로잡기 위한 방법론이며, 발명 특허 자체와 개인의 욕심을 위한 행위가 아님을 주장해 결국 설득이 유효했던 것이다. 발명 특허는 보편적으로 누가 경험해도 타당성이 있고, 과학이 뒷받침되어야만 취득할 수 있다는 원칙에 따라 주어지는 것이므로 혈액형별 맞춤 식단 시스템은 타당성과 당위성을 인정받은 시스템이라 할 수 있을 것이다.

164 체질론은 인류의 건강 유지는 물론 배우자의 선택, 태어날 아이, 질병 극복, 식문화 선도, 체질과 맞는 인테리어, 인성, 적성파악, 체력증강, 어린이 성장발육, 미용제품 생산 등 그 활용도가 무궁무진하다. 혈액형별 체질론(The menu provision method and system which it according to blood type)에 의한 먹을거리를 질병, 체질, 인간의 내적·외적체질 요건을 고려해 온라인과 오프라인 상에서 상담, 처방할 수 있는 지적발명특허권(특허청 고시)이기도 하다. 이용자의 체질과 기질의 내적·외적 조건을 확인하기 위한 복잡한 검사나 절차 및 비용 지출 없이 측정할 수 있는 혈액형별 맞춤 컨텐츠라고 정의할 수 있다.

전문가를 찾아가 복잡한 검사를 위한 절차와 시간과 비용에 대한 부담 없이 온라인상에서도 어떤 체질의 어떤 질병에 어떤 음식이 적절한가를 분류해 음식 처방을 받을 수 있는 인터넷 시대에 유효한 특허임을 자부한다. 이에 따른 전문가(식품공학도, 영양사, 간호사, 간병인, 요양보조사, 기업 인력 교류에 관한 컨설턴트 등)에게도 필요한 교육 시스템이라는 것을 강조하고 싶다.

발명특허의 기본 바탕이 된
자연치료의 학문적 이론

다음의 과목을 체험하고 실행하는 가운데 저자는 건강을 회복할 수 있었다. 미국 캘리포니아 주의 버나딘 대학교 (BERNADEAN UNIVERSITY)는 1954년 10월에 문을 연 종합대학교로 자연치료학 부분에 있어 자타가 공인하는 역사를 가지고 있다. 전 세계적으로 멀티레벨로 공부할 수 있는 시스템을 갖춘 학교로 저자의 논문을 공인, 2001년 5월 22일에 자연치유학의 유효성과 그 권위를 인정해 주었다.

자연치료 개론(Introduction to Naturopathy)
신체치료 개론(Introduction to physical Therapy)
침구요법(Acupuncture)
대체치료(Alternative Treatment)
영양과 건강(Nutrition and Health)
보건과학(Health Science)
심리학(Psychology)

서양의학과 동양의학(Western and Oriental Medicine)

의학윤리(Medicine Ethics)

정신치료 개론(Introduction to Mental Healing)

수치요법(Hydrotherapy Water Cure)

단식요법(Fasting Therapy)

광선(파동)요법(Phototherapy)

정신건강(Mental Health)

홍채학(Iridology)

반사학(Reflexology)

약초학(Herbology)

음악치료 요법(Music Therapy)

온열치료 요법(Themotherapy)

일광 요법(Heliotherapy)

동종 요법(Homeopathy)

향 요법(Aromatherapy)

인간과 자연(Human and Nature)

환경과 건강(Environment and Health)

임상심리학(Clinical Psychology)

상담치료학(Therapeutic (Psychology)

운동 요법(Kinesiology)

비타민 요법(Vitamin Therapy)

경전 속의 약초 요법(Herbs in the Bible)

해독작용과 식품파동

 우리의 면역계와 중추신경계 그리고 각각의 장기들이 건강을 유지하려면 해독 활동(간 기능의 보호를 위해 화학적인 약은 삼가야 한다)을 원활히 유도하는 생활로 돌아가야 한다. 매일 매일 반복해서 새로운 세포가 만들어지고, 수명을 다한 세포가 자연 도태되는 과정을 충실히 이행하는 길은 불필요한(체질에 맞지 않는 것) 음식물을 체내에 쌓이지 않도록 해서 각 장기에 무리를 주지 않는 것이다.

알로에가 게르마늄 성질을 약간 포함하고 있다 해서 냉성의 A형이 먹거나 인삼이 게르마늄 성질을 가지고 있다고 해서 O형의 열성이 먹는다면 그 파동은 역(逆)파동을 일으켜 체질에 어긋나는 식품이 된다. 체내에 어떤 나쁜 조화가 일어날지는 불 보듯 뻔한 얘기다.

에모토 연구소의 식품 파동 분석표에도 나와 있듯이 파동의 수치가 높게 나온다는 것은 인체에 유익한 성분과 성질이 함께 있다는 뜻으로 체질의 냉성과 열성을 따지지 않고 성분에만 초점을 맞추면 인체에 해를 끼칠 때가 많다는 뜻이다.

식품과 파동 분석표

각종 식품의 파동수치

	시금치	가열한 시금치	모로헤야	참마	시몬마	시몬마/줄기·잎
면역파동	18	7	21	19	19	19
스트레스	18	7	20	10	19	19
억울한 감정	18	9	21	3	20	19
암	16	–	17	11	15	16
위	19	–	–	–	17	18
장	18	–	21	–	18	19
폐	13	–	18	–	–	–
심장	18	–	21	16	17	19
간장	16	–	21	3	20	19
신장	17	–	20	3	19	19
췌장	–	–	21	6	–	–
비장	19	–	–	–	–	–
방사능	11	–	–	–	17	19
초단파	12	–	–	–	19	19
고혈압	18	6	19	–	17	18
평 가	○	×	◎	○	◎◎	◎◎

○ : 양호, × : 해로움, ◎ : 上, ◎◎ : 최상의 수치, –는 해당 없음, 수치 앞에 –가 있으면 매우 해로움

쌀의 종류에 따른 파동수치

	특수처리	현미	배아미	백미	백미	할맥
면역 파동	15	17	9	−2	1	11
스트레스	12	10	9	2	0	9
억울한 감정	14	17	9	1	0	6
수은 독소	3	9	5	−3	−3	6
납 독소	−	−	−	−	−	−
알미늄 독소	−	−	−	−	−	−
초단파	−	−	−	−	−	−
방사능	−	−	−	−	−	−
암	−	−	−	−	−	−
	계약재배	유기농법	저분도	90년도	91년도	보리쌀
평 가	○	○	○	×	×	○

여러 가지 식품의 파동수치 비교

파동수치 \ 식품명	양배추	상추	배추	어린 배추	시금치	송이버섯
면역력 파동	+4	+7	+8	+16	+18	+21
스트레스 파동	+5	+8	+8	+16	+18	+21
억울 파동	+5	+7	+7	+15	+18	+21
고혈압 파동	+7	+4	+6	+18	+18	+17
당뇨 파동	+5	+5	+8	+13	+15	+11

최상의 수치 : 20~21, 최악의 수치 : −

파동과학과 게르마늄을
알면 건강이 보인다

원소 얘기를 하면 게르마늄에 관한 얘기를 빼놓을 수가 없다. 원자
번호 32, 원자량 72.59인 게르마늄은 금속이 아닌 아금속으
로 흙과 식물에 미량 함유되어 있다. 게르마늄 하면 프랑스 루르드 샘물과
우리나라 6년근 인삼과 홍삼을 빼놓을 수 없는데, 6년근 인삼에는
4.189ppm의 게르마늄이 함유되어 있다. 그 밖에도 구기자에 124ppm, 컴
프리에 152ppm, 산두근에 257ppm이 버섯류, 마늘, 알로에 등에도 함유되
어 있다. 그러나 냉성의 식품인지 열성의 식품인지를 가려 섭취해야 한다.

물질에는 구리나 철처럼 전기를 통과하는 물질이 있는가 하면, 고무나
나무처럼 전기를 통과시키지 못하는 부도체의 것도 있다. 우리의 몸은 그
중간 성질을 지닌 반도체의 파동을 가지고 있다. 우리 몸은 어떤 현상이 구
체화(항생물질, 마약, 우울증, 괴로움, 혼미함, 광적인 라이브 콘서트 등) 되
기 시작하면 파동의 쏠림 현상이 나타나는데 예를 들어 자살을 생각하는
사람의 정신에 파동공명을 일으키면 뇌 세포의 박동에 상호 쏠림 현상이
일어나면서 뇌파(뇌파도 파동이다)의 주파수에 동조하는 결과가 집단행동

으로 나타나 문제를 일으키고 이러한 혼란은 자연소재의 건물이 아닌 협소하거나 콘크리트 벽체(아파트)에서 더욱 심화된다고 한다.

게르마늄은 반도체의 성질을 가진 트랜지스터의 원료로 석탄의 타르에서 양산된다. 아사이 박사는 석탄을 통해 게르마늄의 존재를 발견하고, 식물 속의 게르마늄을 연구해 인체에 적합한 수용성 게르마늄을 만드는 데 성공했지만 우리나라의 식약청은 아직 게르마늄에 긍정적이지 않다. 그래서 아직 국내에 수입이 허용되지 않는 실정으로 온라인에서 유통되는 먹는 게르마늄은 진위 여부를 판단하기 힘들어 소비자들의 각별한 주의를 요한다. 한때 일본에서는 정식 허가가 나기 이전에 무기 게르마늄을 먹고 사망한 사람들도 있었다고 한다.

게르마늄을 섭취하는 가장 안전한 방법은 흙으로 빚은 그릇(끓일 수 있거나 뜨거운 것을 담아 먹을 수 있는 그릇)에 게르마늄이 함유된 식품을 담아 두었다가 먹는 방법을 추천한다. 그러나 여기서 유의해야 할 점은 유리그릇처럼 완전하게 구워진 그릇을 이용해야 한다는 것이다. 도자기에 분채(粉彩)한 방식의 시중에 나도는 게르마늄 그릇은 파동의 효과가 어느 정도인지 장담할 수 없다. 그릇에 유약을 사용할 수도 있고, 분채한 흙가루가 사용 중에 떨어져 인체에 축적되면 어떤 악 영향을 미칠지 모르기 때문이다. 게르마늄 음식(시금치, 인삼, 산 두릅, 알로에 등)을 섭취할 때 A형 수 · 목 체질과 B형 수 · 목 체질처럼 음의 체질을 가진 사람들은 음식을 찌거나 익혀 먹는 것이 이롭다.

무엇보다 중요한 것은 몸에 좋은 성분과 성질의 식품은 그릇을 가려 담아야 한다. 철제품(양은 냄비, 스테인리스, 알루미늄, 코팅 등)은 우리의 생명 파장에 좋지 않은 파동을 준다. 그릇에서 파생된 중금속이 체내에 축적될 위험이 많기 때문이기도 하다. 양푼에 비빈 밥이 향수를 자극하고 밥맛이 좋다고는 해도 좋지 않은 파장은 크게 남는다. 선조의 지혜가 빛나는 옻칠을 한 그릇이나 방짜 놋그릇의 경우 파동이 높은 +로 나타나는데 이러한 전통 그릇을 이용하는 것이 건강을 위해 좋다.

참고로 게르마늄 파동(波動) 밥 짓기를 소개하면 이렇다.

1. 유기농 쌀이라 해도 불순물 제거를 위해 약 1시간가량 천일염에 담가 유해성분을 최소화한다.
2. 여러 번 헹구어 유약을 칠하지 않은 게르마늄 도자기 밥솥에 쌀을 담는다.
3. 솥의 바닥에 구소련 과학자들이 인정했던 풍원 Ge(게르마늄 함량 2.3~3.6% 한국 기술과학 연구소)의 무기질(광석) 게르마늄을 몇 개 넣는다(저자의 체험의학).
   밥이 되는 동안 발생하는 열에 의해 게르마늄 광석에 포함된 산소가 밥의 산소를 풍부하게 하며, 농약 먹은 쌀이라도 그 탁한 기운을 흩어버리는 역할을 한다.
   일반인들은 게르마늄 광석을 시중에서 구하기 어려운 문제가(유사품이 많다) 있지만, 본 연구소와 상담을 하면 일본(동경의대 의학부 인정)에서 인정한 게르마늄 밥솥과 생수 병 등을 안내 받을 수 있다.
4. 밥을 풀 때와 담을 때도 반드시 유약을 바르지 않은 자연적인 나무 주걱과 그릇을 사용하도록 한다.

지금까지는 파동에 대한 전문적인 개념이나 연구가 미흡해 파동과학이 생소한 분야로 여겨졌다. 현대의학에서는 분자급(분자 레벨) 이상의 작용만을 치료해 원자핵과 전자의 움직임까지 알 수가 없었다. 그 결과 질병의 실제 원인인 파동의 난조(뒤틀림)를 무시해 근본적인 치료가 불가능했다. 파동이론의 선진국으로 알려진 독일이나 미국에서는 의료현장에서 최신 파동 측정기를 이용해 치료에 응용하는 의사들이 많다. 특히 독일에서는 약 2만 5천여 명의 의사들이 파동 분석 장치를 이용해 근본적인 질병의 원인을 찾아 치료하는 데 힘쓰고 있다. 한국이나 일본에서는 파동공학이 늦어지고 있으나 최근 소수의 한의사, 치과의사, 약사를 중심으로 파동공학을 응용하는 케이스가 늘고 있다. 파동공학은 눈에 보이지 않는 미세한 세포에서부터 시작되는 개개인의 인체와 현대의 질병론에 커다란 변화를 일으키고 있다.

그렇다면 개별 파동의 에너지를 그대로 전사(轉寫)할 수 있는 시스템은 무엇일까? 이것은 파동의 쏠림 현상을 응용한 첨단 파동 요법으로 유럽(러시아, 독일, 영국)의 왕실에서는 이러한 기법을 응용해 건강관리를 하고 있다. 여기서는 일본의 방법을 소개한다.

개별파동시스템 (MRA, QRS, CTS, MRT) 전보 장치에 원래(原來)의 물질(산삼, 게르마늄, 운석 등)을 기억하게 만든 후 물 분자가 갖는 자기기억능력(磁器記憶能力)을 응용하면 두 가지의 물리학적 성질이 결합해 양자의학(量子醫學)이라는 자연의학의 정점을 이루게 된다. 이러한 에너지를 우주적 기억 능력이라고 하는데 학자들은 Free Energy, Fundam 기자(基蓍) 또는 '테스라-파', '스카라-파' 라고 한다. 이 프리 에너지는 차폐물을 넘어 원거리에 도달하며, 종파(縱波)에너지 또는 음파(音波)에너지와 동일한 성질을 띠고 있다.

별똥별로 불리는 천연운석은 태양계를 떠돌던 우주의 부스러기로 지구 상공 90km에서 빛을 내면서 아주 빠른 속도로 지구로 낙하하는데 이 운석을 실험한 결과 주위의 탁한 에너지를 이온화시키는 특별한 기운(氣運)이 있음이 확인되었다. 식물성의 산삼 이외에 운석이나 게르마늄 광물질은 유사한 우주에너지로 보이며, 이러한 원리를 활용·응용하면 생체의 탁한 에너지가 유전적 혹은 환경적으로 정체되어 있다고 해도 강력한 파동 원리로 대응하면 어렵지 않게 생체파동의 난조(亂調)를 해결할 수 있음을 에너지 응용 의학자들은 확신하고 있다.

🍃 BRS 측정결과

	기능/명칭	사용 전	사용 후
1	면역기능	+8	+12
2	스트레스	+5	+11
3	환경성 스트레스	+4	+12
4	대사장애	+8	+9
5	피로/권태	+4	+12
6	정신피로	+6	+12
7	호르몬 균형	+6	+9
8	미네랄 밸런스	+5	+10
9	혈액순환	+6	+11
10	자율신경계	+9	+10
11	장관/창자	+9	+9
12	알러지	+9	+11

시험기관 : 한국전산과학 연구소

※ 수치가 높을수록 인체에 유익하다

🍂 생체정보(BRS)해석 방법

측정수치(Level)	건강 상태와 관련성	물체와 상관성
-21 ~ -11	실제로 건강이 최악의 상태로 악화된 상태. 건강에 해로운 대상	건강에 대단히 해로운 대상임
-10 ~ -6		
-5 ~ -1	건강이 이미 상당히 악화되어 표면적으로 문제가 드러난 상태	비록 약할지라도 건강에 해로운 대상임
0 ~ +2	건강이 악화되고 있지만 표면적으로는 문제가 드러나지 않을 수 있는 상태	건강에 아무런 도움이 되지 않는 대상임
+3 ~ +5	건강이 많이 약해진 상태지만 이상 징후가 거의 드러나지 않는 상태	효과가 미약한 대상임
+6 ~+10	건강을 염려할 필요는 없지만 충분히 건강하지는 않은 상태	건강에 도움이 되는 대상임
+11 ~+15	비교적 건강한 상태로서 건강에 대한 염려를 하지 않아도 좋은 상태	건강에 상당히 유익한 대상임

2

체질을 알면 사고를
막을 수 있다

체질을 알면
사고를 막을 수 있다

2005년 6월 19일 경기도 연천의 최전방에서 총기 난사 사고가
벌어진 그날, 나는 연천군 부근의 수련원에서 밤잠을
설치고 있었다. 뒤숭숭하고 말할 수 없는 불안감이 엄습했다. 아들이 군에
입대해 근처의 부대에 있었는데 '지금쯤 상병 계급장을 달았을까?', '이등
병들의 일요일은 어떨까? 하는 잡념에 기(氣)가 분산되고 마음이 불안해지
는 것이었다. 얼핏 창가로 스머드는 달빛이 보였다. 벽에 걸려 있는 달력이
눈에 띄어 다가가 짚어보니 하지를 이틀 앞둔 음력 5월 13일이었다. 새벽 2
시쯤, 김일병의 총성 때문이었을까? 음산한 기운이 느껴졌다. 내가 이 날을
생생히 기억하는 까닭은 다음과 같은 이유 때문이다.

사고율에 관한 선진국의 연구 자료에 따르면 36만 2천여 건의 산업재해
와 2만 2천여 건의 교통사고가 발생한 시기를 조사한 결과 보름달이 뜨는
지자기장(地磁氣場)이 가장 강한 GMF(Geo-Magnetic Fild-地磁氣場)를 전
후로 동요(Fluctuations)가 줄어드는 때, 사고율이 높아진다는 것이다. 이
GMF가 고요한 날, 위기 텔레파시가 상승해 여러 가지 불행을 야기하기 때

문에 으스름 달빛은 나를 왠지 불안하게 했던 것이다.

달의 공전주기, 혹은 보름달에서 초승달까지의 주기가 자살, 타살, 사고사, 정신과적 빈도, 범죄율 등에 영향을 준다고 하는 이 학설은 서기 1세기경 로마의 자연주의자였던 플리니(Pliny the Elder)가 언급한 바 있다. 그는 "지금 우리는 달이 우리의 삶과 크게 관련이 없는 것으로 생각하고 있지만 후세에는 반드시 이것을 증명하는 일들이 일어날 것이다."라고 했으며, 또 "우리 인간의 혈액은 달빛의 양에 비례해 증가하거나 감소한다."고도 주장했다.

플리니가 언급한 2천년 후인 오늘날 현대 의학자들이 발표한 실험 결과 실제로 수술 후의 출혈량이 음력 보름 경에 최고치에 이른다고 보고했다. 플리니의 주장이 다소 주관적인 견해라고 생각했던 학자들도 실질적인 실험으로 이를 증명하기에 이르렀던 것이다.

17세기경 영국의 재판장인 윌리엄 헤일(William Hale)은 "달은 뇌와 관련된 모든 질환, 특히 치매에 큰 영향을 미친다."라는 기록을 남겼고, 200년 후인 1882년 영국의 변호사 윌리엄 블랙스톤(William Blackstone)경은 《정신착란증세(Lunacy Act)》라는 책에서 "정신 이상자의 광기는 분명 달의 변화와 관련이 있다."고 적고 있다. 그는 일정한 주기를 겪는 미치광이 혹은 치매증상, 정신이상을 Alunatic / Non Compos Mentis로 정의해 명성을 더했는데 달을 의미하는 'Luna'를 그 어원으로 삼았다.

실제로 1970년 뉴욕 시의 연쇄 살인범으로 악명이 높았던 샘의 아들이란 사람은 보름날이나 그믐 경에 살의를 느껴 범행을 저질렀다고 고백했다. 음주성 발작증세(Dipsomania) 또는 주기성 알코올중독증(Periodical Alcoholism)도 "달의 변화 주기와 관련이 크다."고 기록되어 있다.

세상의 모든 생명체는 고유의
주파수를 가지고 있다

미국의 신경생체학자인 아놀드 리버 박사는 1950~1970년까지 약 20년 동안 발생한 살인 사건을 분류했는데 보통 때 평균 60~80건이 발생한 것에 반해 보름달이 뜨는 날을 전후로 평균 90여건의 사건이 발생했다고 밝혔다. 그리고 이것은 교통사고에서도 같은 비율로 나타났다. 보름달이 뜨는 때를 전후로 인간의 예민함과 폭력 성향이 극에 달한다는 것을 증명한 사례이다.

이처럼 GMF가 달(29일, 53일)과 태양의 공전주기와 밀접한 관계가 있음이 판명되면서 달과 GMF 사이의 복잡한 상관관계는 처음부터 태양의 영향 아래 있었음을 알 수 있다.

미국 일리노이 주(州)의 노스 웨스턴 대학의 생체리듬학자인 프랭크 브라운 박사는 동부에 있는 롱아일랜드 해변의 연체동물(굴, 고둥, 우렁이 등)을 이용한 실험에서 생물이 극히 낮은 주파수 ELP의 에너지 영향에 민감하게 반응한다는 것을 알아냈다. 박사는 동부에서 수천 마일 떨어진 중부 일리노이 주에 위치한 박사의 연구소로 실험 대상을 가져왔는데, 2주일

정도가 지나자 굴은 자신의 고향인 롱아일랜드 해변의 만조시간과 조수의 흐름, 수압 등의 환경에 전혀 영향을 받지 않고, 오직 달의 인력에 리듬을 타고 시각에 맞춰 껍질을 열고 닫는 것을 관찰할 수 있었다고 한다. 이로써 그는 "이 세상의 모든 생물은 자신의 생체 리듬, 즉 고유의 주파수가 있다."는 것을 밝혀낸 것이다. 우리의 인체 또한 전자기의 에너지 필드로 인력의 영향을 받지 않을 수 없다는 결론에 도달한다. 그래서 체질학자(특히 동양의학)들이 인간의 생체리듬과 고유의 체질을 정할 때 달의 주기를 따지는 절기론을 대입하는 것이다. 흔히 우리가 달에 대해 알고 있는 상식은 달이 태양의 빛을 반사해 그 빛을 지구에 비춘다는 정도이다. 그러니까 우리가 보는 달빛은 사실 햇빛인 셈이다. 결과적으로 인간을 포함한 지구의 모든 생물은 달에 반사된 태양의 빛을 받는 것이다.

달의 기운은 강한 햇빛의 기운을 받아 우주 에너지 가운데 땅의 요소를 강하게 하는 영향력을 가지고 있다. 땅의 요소가 강하다는 것은 땅 속에 뿌리를 박고 사는 모든 식물과 땅을 딛고 사는 동물 그리고 사람이 생육하고 번성하는데 지대한 영향을 준다는 의미이다. 지구에도 생명이 성장하는 힘은 있지만, 햇빛의 기운을 담고 있는 달의 작용으로 인해 비로소 생명이 번식하게 되는 우주의 섭리가 있다는 것이다. 성장은 약한 번식이며, 번식은 강한 성장이라는 우주의 섭리가 느껴진다. 달의 존재가 없었다면 지구의 생태계는 어떠했을까? 지구는 달의 기운을 통해 강한 성장을 완성하고, 식물은 열매를 맺는다. 그러나 강한 성장은 보름달이 비추는 곳에서만 가능하다고 한다. 식물은 보름달 시기에 받아들인 기운으로 다음 보름달이 뜨기까지 견뎌낸다는 것이다.

19세기 인도 사람들과 인지학적(人智學的) 농법을 연구한 독일의 루돌프 슈타이너에 따르면 인도인들은 달의 주기를 파악해 씨앗을 뿌리고 수확을 했다고 한다. 보름달이 뜨는 시기가 아닌 날에 작업을 해도 씨앗들은 땅속에서 보름달이 뜰 때를 기다렸다가 싹을 틔운다는 것이다. 인간의 실수를 비웃기라도 하듯 농작물은 자연의 섭리에 따라 존재하고 성장하며 번식하는 것이다. 그리고 우리 인간 역시 태양의 공전주기와 달, 그로 인한 생태계의 변화에 따른 삶의 방식을 거부할 수 없다. 과학의 발달은 우주의 섭리 앞에 미약한 진실에 불과하다.

물리학적 분석에 의하면 1년에 12번 보름달이 뜰 무렵, 달은 지구의 자기권(magnetosphere)을 통과한다고 한다. 일식이 진행되는 동안의 달의 위치와 자기장의 변화에 따라 동물과 인간은 신경의 흥분치만 서로 다를 뿐 동일한 영향을 받는다. GMF와의 상관관계에 대해 미국의 스탠포드 대학 지구물리학자인 앤소니 프레저 스미스(Anthony Fraser-Smith) 박사는 1932년 이후 전체 월식 기록을 통해 달과 GMF 사이의 상관관계를 확실히 밝히는 증거를 확보했음을 발표했다.

비둘기의 뇌 속에 많은 것으로 알려진 미세한 자기물질은 강자성체로 항해 능력을 담당하는 귀소 본능 역시 GMF와 관련된 것임을 추론할 수 있다. 우리가 무엇을 탐지할 때 외부의 영향이 잠잠해질 때를 기다리는 것과 자율신경실조증이라는 병을 이러한 맥락에서 이해하면 된다. "보름달이 뜰 때는 여행을 삼가라."라는 말은 과학이 증명한 선인들의 지혜인 셈이다.

이러한 이론 아래 화, 수, 목, 금의 체질이 정해지고, 각각의 장기들이 가진 주파수를 통해 나타나는 병리를 밝힌 미세에너지를 통한 치유법도 셀프 힐링 요법에 도입되는 것이다. 낮은 주파수(Extremely Low Frequency-ELF)의 전자기장과 지자기장, 즉 미세에너지의 영향과 미세에너지 응용의학의 필요성은 총기 난사 사건의 김일병의 일화와 학자들의 연구 발표 및 범죄율로 더욱 확실해졌다.

보들레르의

《파리의 우울》등과 같은 많은 문학 작품에서 달은 광기를 일으키고, 허무한 사랑으로 죽음에 이르게 하는 장치로 묘사된다. 도스토예프스키의 《죄와 벌》에서는 가난한 학생 라스콜리니코푸가 고리대금업의 노파를 살해하는 장면에서 달이 묘사되고 있는데 그러한 비유가 단순한 묘사가 아님을 알 수 있다.

시끄러운 세상을 피해 조용한 골방과 보리수나무 아래에서 기도하며 세상의 어두움을 밝힌 예수와 석가는 자아성찰을 위해 스스로 폐쇄된 공간으로 들어가 기도했다. 그러나 혈기 왕성한 젊은 병사들은 자유의지가 아닌 징집의 의무로 상명하복 체계의 명령과 복종만이 존재하는 시간과 공간에 갇히게 된다. 성장과 번식을 해야 할 혈기 왕성한 군입대자의 85%는 대학 재학 이상의 학력을 갖고 있으며, 그들의 절반이 외아들이라는 통계도 있다.

또 이들은 디지털시대 세대로 인간관계보다는 컴퓨터를 이용한 가상공간의 세계에 더 익숙한 세대이다. 이러한 시대에 군대나 단체를 이끌어가는 지휘관이나 기관장들은 이에 걸맞는 인간에 대한 연구와 관계를 고민해야 한다. 어떻게 해야 인간관계 속에서 합리적인 돌보기가 원활하게 이루어 질 수 있는지를 밀도 있고 체계적으로 연구해야 한다.

며칠 전 군사우편으로 아들의 군 생활 성적표를 받았다. 반가운 한편 의아한 부분이 있었다. 성적표의 기준은 A-매우 양호, B-양호, C-보통, D-개선요망 등으로 구분되어 있었는데 아들의 성적표는 건강 A, 리더십 B, 용기 A, 충성심 A, 복종심 A, 책임감 B, 이성 관계 B, 준법정신 A, 협동심 A, 봉사정신 A, 고운 언어사용 A, 훈련수준 A, 자기발전노력 A, 종교 활동 B의 성적이었다. 비교적 우위의 성적이었지만 과연 위와 같은 성적을 산출해 낸 기준이 무엇인지 알 수 없었다. 단지 부모에게 보이기 위한 요식행위는 아닌지 진위가 불분명한 것이 유감이었다. 나의 유감은 단지 내 개인의 감정이나 군을 비하하기 위한 목적이 아니다. 인간 생명의 본질을 연구하지 않고 그것을 보여주기 위한 단세포적인 발상이라면 그만큼 신뢰받기 어렵다는 점을 지적하기 위함이다.

혈액형 체질별 연구 자료에 따르면 인간관계는 크게 두 가지로 서로 끌어당기는 관계와 반발하는 관계의 두 유형으로 나뉜다. 사상과 삶의 목표, 일의 해결 방식, 유사한 운명, 공동의 적, 공감대 형성 등을 인식하고 교감할 때 동료애를 느끼고 결속하는 혈액형 그룹과 서로 라이벌 의식이 강해 충돌을 일으키는 혈액형의 만남으로 결속력이 약해져 와해되는 그룹의 양상이 그것이다.

이러한 인간관계는 조직생활과도 밀접한 관계를 갖고 있는데 최근 많은 문제를 드러내고 있는 병영문제도 이러한 관점에서 관찰할 필요가 있다. 나 역시 아들을 군대에 보냈던 부모로서 그리고 미세에너지 응용의학과 인간 체질을 연구하는 체질학자의 입장에서 진심 어린 충언의 자세로 체질론을 바탕으로 한 21세기형 병영관리를 제시해본다. 체질론과 인간 기질에 대한 지식이 없으면 인간관계에서 역효과가 발생하고, 그 후유증으로 제2, 제3의 김일병 총기 난사 사건이 발생할 수 있기 때문이다.

일반적으로 사회에서는 부모가 자식을, 연장자가 어린 사람을, 형이 아우를, 상급자는 하급자를 돌보는 역할(물론 이해관계가 얽히면 반대일 수도 있다.)을 수행하는 것이 일반적인 상식이다. 그러나 군대는 입대한 날짜와 시간 순으로 선임과 후임이 결정되고, 선택의 여지없이 인간농장의 일원이 되어버린다. 그리고 여기서부터 문제가 발생한다. 선임자가 후임병을 폭언과 폭행으로 다스리는 악습이 대물림되면서도, 그러한 환경이 인권의 사각지대에 놓여있기 때문이다. 그러한 환경에서 군 생활을 마친 청년들은 후유증으로 인한 우울증과 사회에 대한 반발로 이어져 심하면 가정폭력의 주범이 되기도 하고, 그에 따른 희생자를 만들어 사회 병리화를 부추기는 결과를 낳기도 한다.

그렇다면 이에 대한 대책은 없는 것일까?

근본적으로 체질과 혈액형에 따라 음식 공급에서부터 하나하나 문제를 해결해 나가야 한다. 혈액형에 따라 4가지 유형의 먹을거리를 배려(일식 삼 찬이라 하더라도)하는 것이 어렵다면 최소한 A형, B형의 수·목 음체질과 O 형, AB형의 화·금 양체질을 구분해 음과 양의 두 가지 패턴으로라도 식생 활을 개선한다면 군 생활에서 얻은 병으로 사망하거나 아픈 일은 줄어들 것 이다. 먹을거리는 곧 그 사람이 되기 때문에 인성관리와 체력관리, 적성관 리에도 많은 영향을 미치기 때문이다.

자녀를 군대에 보낸 부모는
보름달이 뜰 때 조바심이 난다

아들을 군대에 보낸 대부분의 엄마들은 항상 마음이 불안하다. 군대 이야기만 나오면 귀가 쫑긋해지고 온 신경이 군대 이야기에 쏠린다. 요즘처럼 군대에서 심심치 않게 사건이 터지면 혹시나 우리 아이에게 무슨 일은 없는지 걱정하게 된다. 국가의 신성한 의무를 위해 군대에 가는 것이 필수라고는 해도 군 당국은 군에 자식을 보낸 부모의 마음을 안심시켜야 할 책임도 있다. 최소한 아래의 사항만이라도 변화된다면 우리의 부모들은 걱정을 한시름 덜어낼 수 있을 것이다.

- 음력 달이 뜨는 전후의 시기에 부정적인 감정이 생기지 않도록 배려하자.
- 좋은 소금을 사용해서 고된 훈련 뒤에 오는 체액의 왜곡을 막자.
- 체액의 왜곡은 세균 감염의 원인이다. 짧은 시간이라 해도 자신의 체질에 따라 음식을 먹을 수 있도록 배려하자.
- 혈액형별이 어렵다면 최소한 음양의 원리를 바탕으로 한 두 종류의 밥

과 두 종류의 국, 세 가지의 반찬을 준비하자.

- 식사 시간에는 폭력이나 폭언을 행사하지 말자.

사람이 식사를 할 때 놀라거나 긴장하게 되면, 간담이 서늘해지면서 담즙이 분비된다.

이때 프로모터라고 하는 이상 물질이 생겨 발암물질 이니시에타에 의해 유전자 변이를 일으킨다. 또 놀란 심장은 혀끝으로 쓴 물을 올려 분노의 감정을 만들고, 새벽이 되면 가슴이 메마르고 목이 타는가 하면 공포가 엄습해 암세포가 증식하는 환경을 조성한다. 이때 공포의 페로몬 현상은 달의 인력을 흡수하게 만들고, '에라 모르겠다'는 식의 자포자기 심리를 만든다. '김일병 사건'은 어제 오늘의 문제가 아니다. 바로 내일 또 일어날지 모르는 심각한 현실이다. 혈기 왕성한 젊은이들에게 군복무기간이 육체적으로나 정신적으로 중요한 시기임을 간과한 것에 대한 경고로 받아들였으면 좋겠다.

내무반에서 짝(학교와 회사도 동일하다)을 지을 때도, 입대 시기로 결정하되 관심병과 그 관심병을 돌보는 팀으로 구성해 투수와 포수 같은 팀워크와 동지애, 최고의 비즈니스 콤비를 이룰 수 있도록 한다면 그 팀은 제대 후 사회에서도 좋은 관계를 이어나갈 수 있다. 이것은 인간관계의 과학이자 바람직한 조직 개편의 바로미터가 될 것이며, 장차 나라를 이끌어갈 젊은이들을 효과적으로 배출하는 일이다. 그리고 무엇보다 그들의 건강을 지켜 의료비 지출로 인한 국가적 손실을 막는 다양한 이익을 가져올 수 있을 것이다.

혈액형별 궁합이 조직 내의
사고를 막는다

처녀 총각이 결혼할 때는 궁합이라는 것을 본다. 둘이 만나 얼마나 잘 살 수 있는가를 미리 예측해 보려는 마음 때문이다. 부부는 살다가 어떤 계기로 문제가 심각해지면 이혼이라는 법적인 절차에 따라 헤어지는 것으로 일단락되지만, 그로 인한 상처는 각자의 몫으로 남는다. 그러나 군에 입대한 군인은 고참이나 지휘관을 개인의 자유의지로 선택할 수 없으며, 잘못 만난 경우라 해도 견디며 시름시름 앓다가 만성화된 질병을 안고 귀가 조치되거나 불귀의 객이 되는 경우가 많다.

혈액형을 연구하는 학자의 한 사람으로 나는 군에 배치되는 신참병을 대상으로 고참이나 지휘관들과 혈액형 궁합을 보면 어떨까 제안한다. 아무것도 하지 않은 채 사고를 기다리는 것보다는 궁합을 통해 같이 두어도 좋을지를 미리 가늠한다면 사고를 미연에 방지할 수도 있지 않을까?

혈액형 궁합은 다음의 표를 참고하도록 한다. 이것은 군에서만 필요한 것이 아니라 학교나 회사, 부부, 결혼정보업체 등 사람과 사람이 만나 오랜 시간을 함께 해야 하는 경우에 참고하면 좋다.

구 분	내 용
A형 + A형	처음에는 좋게 시작되지만, 나의 단점을 상대도 가지고 있어 심각한 대립 상황으로 치닫는 경우가 많다. 결국 파탄으로 이어지기 쉽다.
A형 + B형	사고방식, 행동방식 등이 대조적이어서 서로에게 의문이 생기면 트러블 메이커가 되고, 내향적인 A형은 결국 B형에게 못 견딜 수 있다.
A형 + AB형	A형에게 AB형이 존경하는 마음을 가지면 친한 관계가 되나, AB형이 상급자가 되면 A형을 자기 방식대로 다루어 불화의 싹이 될 수 있다.
B형 + B형	자기중심적인 경향의 B형은 상대의 영역에 침범하는 것을 쉽게 생각하고, 심통이 사나운 면이 있어 충돌하면 심각한 지경이 될 수 있을 것이다.
B형 + AB형	지적인 결속력은 높지만 AB형의 보수적인 시각이 자유분방한 사고의 B형을 이해하기 어려운 점이 있어 AB형에게 상당한 스트레스가 되기 쉽다.
AB형 + AB형	지적으로 유대 관계는 높은 편이나 감성적인 면에서 끌어당기는 파동이 약해 외부의 충격으로 쉽게 팀워크가 깨지는 경향이 있다.
O형 + O형	보스기질과 상대를 주도하려는 성향이 강한 O형끼리는 늘 라이벌 의식과 다툼이 도사리고 있다. 자신의 단점을 고치려 하지 않고 자기주장이 강하게 충돌하면서 서로가 미움의 싹을 키우기 쉽다. 불화의 씨앗이 결국 화합을 무너뜨리는 경우도 있다.

지금까지 살펴본 것만으로도 체질론의 인식이 인간과 인간이 살아가는 관계에서 얼마나 중요한 부분인지 알 수 있다. 이제는 전 근대적인 고정관념으로 인한 불행(자질 없는 군지휘관, 정치가, 공교육 부처의 고위직 등)

이 역사에서 사라졌으면 하는 바람이다. 물론 군복무 기간의 조절이라든가 연봉을 올린다든가 하는 처방도 필요하겠지만, 보다 근본적인 생명본질을 이해해 인간관계를 파악하고, 인권을 최대한 살리면서 임무에 순응하게 하는 방법을 연구해야 할 것이다.

관심병으로 미처 분류되지 못해 혹은 관리의 부재로, 재수가 없어서, 어쩌다 우연히, 환경에 적응하지 못해서, 내성적이어서, 일진이 나빠서, 자라온 가정환경 등의 애매호한 표현으로 사건을 축소하거나 은폐해 사고 후 수습에 연연하기보다는 체계화된 병영관리로 발전된 군대 문화를 보여주었으면 한다.

'일진이 안 좋다' 는 말도 파동(波動)에 의한 것으로 일반적으로 사람들은 징크스라 해서 우연의 일치로 간주하지만, 사실 세상의 모든 사건·사고는 우연히 일어나지 않으며, 필연의 에너지가 관여하고 있다는 진리를 잊지 말았으면 좋겠다.

체질별(혈액형)로 먹은 김치가
명품체질을 만든다

김치는 된장, 간장과 더불어 우리나라의 대표적인 밥상 문화를 상징한다. 사실 김치는 한국인에게 반찬 이상의 것으로 민족적 정기와 정서, 고유의 맛과 향속에 역사를 담고 있는 보배로운 음식 문화이다.

초록의 배추는 마음의 안정과 지친 신경에 무엇보다 좋은 영양제이다. 배추를 질 좋은 소금에 절여 일정시간 방치해 두었다가 간이 베었다 싶으면 잘 씻어 물기를 뺀 후 기관지 계통을 다스리는 파와 몸 안의 냉기를 다스리는 노란색의 마늘, 순환기 질환과 피에 관여하는 붉은색의 고춧가루, 비와 위에 관여하고 우울증을 해소하는 생강 등을 넣고 함께 버무려 황토로 구운 항아리에 넣고 생육온도로 발효시키면 채소의 영양가를 보존하면서 새로운 맛과 향, 질 좋은 유산균을 듬뿍 담은 김치로 탄생하는 것이다.

얼마 전 서울대학교 강 교수 팀은 김치의 유산균 배양액을 이용해 조류독감(뉴캐슬병, 기관지 인플루엔자) 치료제를 완성하는 개가를 올렸다. 복합 호흡기 질환에 걸린 닭을 대상으로 한 시험에 성공해 21세기 신종병인 사스(SARS)에 대한 예방과 치료를 김치에서 찾아낸 것이다.

김치는 무나 배추에 여러 가지 재료를 첨가해 적당량의 소금과 함께 젖산 발효를 일으킨 산발효채소(acid-fermented vegetables)의 일종이다. 김치에 관한 기록으로는 '염지'라고 하여 이규보의 《동국이상국집(東國李相國潗)》에 수록되어 있는데, 지는 담글 지(漬)로 염지란 소금에 담근다는 뜻으로 추측된다. 김치라는 말은 고려 말에 저(菹 : 채소절임)로 쓰이다가 조선 초에 딤채가 되고, 다시 김채가 되어 구개음화(口蓋音化)의 역 현상에 의해 현재의 김치가 되었다는 내용이다.

김치의 장점을 크게 5가지로 정리하면 다음과 같다.

1. 야채의 수확기로부터 소비할 때까지 저장이 용이하다.
2. 부패한 미생물의 이상 발육을 억제하는 효과가 있다.
3. 병원균의 감염을 억제할 수 있다.
4. 원재료의 영양을 상승시켜 보존할 수 있다.
5. 식이성 섬유질의 보고다.

침채 →팀채→딤채→짐채→짐치→김치로 그 이름은 변화했지만, 사실 김치의 맛은 옛맛 그대로가 제일이다.

한(漢)나라 때 주례(周禮)에 순무, 순채, 미나리, 아욱, 죽순 등의 저(菹)를 관리하는 관청이 있었다는 기록이 있는데 한 나라의 김치가 낙랑을 통해 들어온 것으로 추정되며, 1655년 신속이 엮은 《농가집성(農歌集成)》에는 가지, 장, 밀기울 등을 섞어 20일 정도 뜨거운 마분(馬糞)에 묻어 두었다가 먹었다는 기록이 있다. 또 1680년에 간행된 것으로 추정되는 《요록(要錄)》에는 무, 배추, 동아, 고사리, 청태콩 등의 재료를 소금물에 담가 만든 동치미에 관한 기록이 있다.

1750년경 고추가 수입되면서 김치는 3~4개월이라는 추운 동지섣달을 견뎌야 하는 한국인에게 비타민 C를 보충해 주는 고마운 먹을거리가 되었다. 그리고 이제 김치는 세계적인 발효음식이자, 우리 겨레의 건강을 지켜주는 건강의 파수꾼이다. 그렇다면 김치를 체질별로 먹어야 하는 이유는 무엇일까?

김치의 재료인 무와 배추는 성분학적으로 비슷하다. 그러나 땅에 심었을 때 배추는 땅 위로 자라고, 무는 땅 속으로 파고들며 자란다. 동양사상에서 씨앗이 가진 본성을 리(理)라고 하여 음(陰)에 해당한다고 보는데 물질인 리(理)는 스스로 변화하고 운행하기 보다는 외적인 힘, 즉 에너지(땅, 햇빛, 바람, 물 등)인 기(氣)에 의해서 변화하고 진화한다. 그러한 현상을 양(陽)이라고 본다. 양의 열기는 상승(上昇)하는 성질을 가지고 있고, 음의 한기(寒氣)는 하강(下降)하는 성질이다. 결론적으로 무는 뜨거운 양(陽)의 성질을, 배추는 냉한 음(陰)의 성질을 갖고 있다. 양의 성질을 가진 무는 뜨겁기 때문에 태양을 피해 땅 속으로 파고들고, 배추는 성질이 차기 때문에 태양을 향해 위로 솟는 것이다.

이를 바탕으로 주부는 밥상 위에 김치를 내놓을 때 음 체질의 식구에게는 양의 기운을 주는 무김치와 식물의 뿌리 쪽 요리를 먹게 하고, 양 체질의 식구에게는 배추김치와 잎사귀 쪽의 요리를 먹게 하는 지혜를 발휘해야 한다. 그랬을 때 설사 몸이 부실하게 태어난 사람이라 하더라도 시간이 지난 후에는 명품체질로 변화되어 있음을 느끼게 될 것이다.

인류의 문화는 수렵생활에서 농경문화로 정착되면서 급격히 변화 되었다. 집을 짓고 살아야 했으며, 지능이 높아짐에 따라 각종 농기구를 만들어 도구로 사용하게 된다. 농경의 발달로 도구를 사용하기 시작한 인류는 곡물을 생산하게 되고, 저장성을 높이기 위해 좀 더 진보한 형태의 과학적인 기구에 눈을 뜨게 된다. 탄수화물 성분의 곡물만으로 영양 보충의 한계를 느낀 인류는 곡류 위주의 식사에서 벗어나 비타민이나 무기질이 풍부한 채소와 동물성 단백질 섭취를 필요로 하게 된다. 이때부터 다양한 먹을거리를 탐색하게 된 인류는 초식과 육식을 가리지 않게 된다.

당시 인류의 문제는 채소를 오랫동안 저장하기가 쉽지 않다는 점이었다. 오랫동안 채소를 저장하는 방법을 찾은 결과가 바로 채소를 소금에 절이는 저장 방법이다. 그것이 바로 김치 탄생의 효시이다.

인류학자는 인간의 식성이 침팬지나 오랑우탄과 거의 흡사하다는 결론을 얻었다고 한다. 인류학자인 쿤(Coon)과 일본의 이시게 나오미치도 인간의 음식문화는 불을 이용한 굽고, 찌고, 삶고 하는 조리법의 차이만 있을 뿐 원숭이의 식생활과 닮았다고 밝혔다. 그들의 관찰에 따르면 채식을 하는 동안 원숭이들 사이에서는 다툼이 별로 없는데 같은 동료 원숭이의 새끼를 잡아먹을 때는 새끼 입에 들어가는 것도 뺏는 포악함을 관찰할 수 있었다고 한다. 그리고 이것은 인간에게서도 찾아볼 수 있다는 것이다. 오래 전의 일이지만 네덜란드에 유학을 간 어떤 일본인이 애인을 죽이고, 그 인육을 먹어 세상을 떠들썩하게 한 사건도 있다.

인류학자 샌디가 약 3천 7백 년 동안 존재했던 156개 원시사회를 조사한 결과 인육을 먹는 관행이 무려 34%를 차지했다고 한다. 또한 거미, 지네, 벌, 흰개미, 올챙이, 갯지렁이, 땅강아지, 귀뚜라미, 게, 나비, 잠자리, 등 온갖 동·식물을 먹는 엽기적인 식생활을 했다고 한다. 그래서 어느 미식 연구가는 '금수(禽獸)는 처먹고, 인간은 먹는다' 고 했고, 어느 학자는 '현재의 인류는 미치도록 먹는 광식(狂食)의 시대' 라고 말하기도 했다. 독일의 철학자 헤르더(Harder)는 인간을 '결함의 동물'이라 했고, 그 결과 다행히도 정신 신체의학으로 과잉 보정현상이 생겼다고 했다.

인간이 비록 '결함의 동물'이라는 본능과 파동을 가졌다지만, 처먹는 행위인 광식은 스스로 금수(禽獸)를 자처하는 행위이다. 오늘날 우리는 너무나 왜곡된 먹을거리에 의해 유전자가 원하는 것에서 벗어나 악성 질병을 자초하고 유전자의 명령에 반역하는 행위를 일삼고 있다. 질병은 바로 이러한 결정적인 결함의 결과이며, 인간은 아직도 오류를 부추기고 있는 것이다. 에이즈가 아프리카 밀림의 원숭이로부터 옮겨 왔다는 사실도 먹을거리와 무관하지 않다는 얘기다.

그렇다면 왜 인간은 소식과 채식을 해야 하는가?

인간의 치아에는 우주의 섭리가 숨어 있다. 인간의 치아는 곡물, 콩류, 씨앗류를 씹기 위한 작은 어금니(小臼齒), 큰 어금니(大臼齒)를 합쳐 20개, 채소와 같은 식물성 식품을 끊는데 사용하는 앞니(門齒)가 8개이다. 동물성 식품을 뜯고 찢는데 사용하는 송곳니(犬齒) 4개를 합치면 총 32개의 치아로 구성되어 있는데 이것은 5 : 2 : 1의 비율로 식물성 식품과 동물성의 식품에 쓰이는 비율은 7 : 1이 된다.

한문으로 송곳니를 뜻하는 전치(犬齒)는 개 견(犬)에 이빨 치(齒)자를 쓴다. 이 뜻을 잘 새겨 보면 사람의 치아 구조가 동물성 먹을거리를 먹는 일에 합당하지 않다는 것을 의미한다. 일본을 비롯해 대다수의 장수 국가의 가장 큰 장수 비결은 소식(小食)과 육식 대신 물고기를 먹기 때문이라고 한다. 채식 생활의 기본 반찬인 김치를 예로 음 체질과 양 체질의 사람들이 어떻게 김치를 먹어야 하는지 구체적으로 살펴보자.

치아상태를 통해 파동의학적 관점으로 건강을 분석해 본다. 우리의 몸은 각 영역이 서로 분리되어 있는 듯해도 서로 신경(파동)으로 연결되어 있기 때문에 치아 또한 각 영역이 관장하는 장기가 있기 마련이다. 다음의 그림을 보고 본인의 취약한 부분을 체크하면 진행되는 질병파동을 알 수 있다.

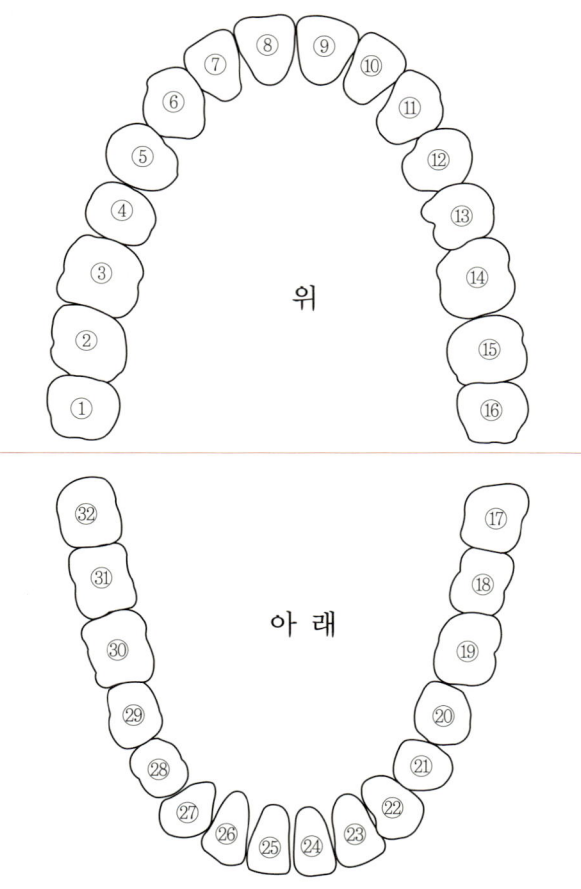

송과선 = 松果腺   누(부스럼, 종기) = 瘻   엽(입사귀) = 葉
수담 = 數膽(간과 담낭에서 담즙을 받아 십이지장에 보내는 관의 총칭)
설상골 = ① 척추동물 두저(頭底), 중앙부의 쐐기 모양의 뼈
          ② 발뼈를 구성하는 부골의 일부(부골 = 足根部에 있는 뼈)

① 중추신경계, 오른쪽 심장, 귀 안쪽, 혀, 뇌하수체 앞ㆍ옆
② 턱의 누, 혀, 갑상선, 부갑상선
③ 식도 오른쪽, 위, 비장
④ 오른쪽 폐, 세포, 코
⑤ 뇌하수체 중엽, 흉선(내분비선의 일종으로 흉골 뒤에 있다.)
⑥ 수담관 오른쪽, 오른쪽 간장, 뇌하수체, 하염
⑦ 오른쪽 신장, 오른쪽 앞 부분의 누, 설상골의 누, 코, 송과선, 골수염,
　골막염, 골절부폐
⑧ 오른쪽 방광, 생식기의 비뇨기 쪽, 직장, 항문 연결구
⑨ 왼쪽 방광, 생식기의 비뇨기쪽 직장, 항문 연결구, 왼쪽 신장
⑩ 왼쪽 앞 부분의 누, 설상골의 누, 코, 송과선
⑪ 수담과 왼쪽, 왼쪽 간장, 뇌하수체 하엽
⑫ 왼쪽 폐, 세포, 코
⑬ 뇌하수체 중엽, 흉선
⑭ 왼쪽 식도, 유, 비장, 턱의 누
⑮ 혀, 갑상선, 부갑상선
⑯ 중추신경계, 왼쪽 심장
⑰ 왼쪽 심장, 외이, 혀
⑱ 왼쪽 폐, 세포, 코
⑲ 정맥, 동맥
⑳ 왼쪽 유방, 위의 안쪽, 비장
㉑ 턱의 누, 혀, 림프관, 눈
㉒ 생식선, 수담관 왼쪽, 간장 왼쪽
㉓ 왼쪽 방광, 생식기의 비뇨기쪽, 직장
㉔ 설상골의 누, 코, 송과선
㉕ 설상골의 누, 코, 송과선
㉖ 항문 연결구, 오른쪽 신장, 오른쪽 앞의 누
㉗ 생식선, 수담관 오른쪽, 간장 오른쪽
㉘ 턱의 누, 혀, 림프관, 눈
㉙ 오른쪽 유방, 위의 오른쪽, 비장
㉚ 정맥, 동맥
㉛ 오른쪽 폐, 세포, 코
㉜ 오른쪽 심장, 외이, 혀

수 · 목 체질은 음체질,
화 · 금 체질은 양체질이다

A형 가, 나 유형이 수 · 목 체질이면 극음체질, O형 화 · 금 체질은 극양체질이다. AB형과 AB형 사이에서 태어난 모든 혈액형은 체질이 애매모호한 점이 많아 체질 관리상 식습관을 면밀하게 따져 실행하는 것이 좋다.

다음의 김치만 잘 챙겨 먹어도 유산균 음료를 따로 먹을 필요가 없으며, 우유나 육식으로 인한 알레르기 질환이나 사스 등을 고민할 필요가 없어 일석 5조 이상의 효과를 볼 수 있다.

아이들의 밥상머리 교육이 제대로 될 때 질병을 거뜬히 이겨낼 수 있는 체력과 명품체질을 갖게 된다.

실제로 이를 바탕을 아이들을 교육하고 양육하는 학교가 독일에 있다. 독일의 발도로프 학교는 인류학자이자 의사, 철학자, 교육자인 루돌프 슈타이너(1861~1925)가 세운 학교로 대안교육에 관심 있는 사람은 누구나 알고 있는 세계적으로 알려진 교육기관이다.

수 · 목 음 체질 (열이 나게 하는 김치가 약이 된다)	화 · 금 양 체질 (열을 내리는 김치가 약이 된다)
• 동치미, 무 깍두기, 총각김치, 열무 김치 • 인삼(종삼)김치 인삼 뿌리인 미삼은 열이 많아 A형 수 · 목 체질에게 이롭다. • 채칼 무김치, 민들레 뿌리 김치, 무말랭이, 무짠지, 무장아찌, 마늘 장아찌, 더덕장아찌, 고추장아찌, 파김치, 부추김치 • 동태깍두기, 동태식혜, 닭김치, 가자미식혜, 홍어무김치는 수 · 목 체질에게 동물성 단백질을 제공한다.	• 백김치, 통배추김치, 갓김치, 풋 나박 김치 화를 다스리는 음식이 열 마디 훈계보다 더 큰 심리적인 안정과 자정작용을 가져온다. • 얼갈이김치, 배추동치미, 박김치, 오이김치, 섞박지, 초김치, 속대김치, 고들빼기김치, 안동식혜, 오이 장아찌, 배추장아찌 • 전복김치, 굴깍두기는 화 · 금 체질에게 음양의 중화를 통해 약성을 더한다.

루돌프 슈타이너는 우리의 정신세계를 구체적으로 체계화시켜 정신과학이라는 단어를 탄생시킨 장본인이며, 많은 업적을 통해 자연과학의 편협한 지식이나 물질, 실증주의의 차원을 넘어선 통합적인 올바른 인간상을 도출해 내는 차원 높은 커리큘럼의 창시자이다.

우리나라의 대안교육학자인 이정희 박사는 독일에서 오랫동안 공부하고 돌아와 인지학연구소를 설립하는데 크게 기여했으며, 누구보다 이 나라 청소년들의 건강과 교육을 염려해 여러 가지 자료를 내게 넘겨주었다. 암, 종양, 종기, 난치성질환, 알레르기 등에 노출되는 것을 우려하거나 이미 암이나 난치성 질환에 걸린 사람은 다음과 같은 식품을 유의해 금하거나 조심해서 섭취하도록 권한다.

위에서도 밝혔듯이 우리에게 영양학적으로 유익하다고 알려진 토마토,

감자, 진균류(버섯류), 의문의 조류(藻類)인 우뭇가사리, 부정한 어류(베스, 블루길, 육류)등은 생체 에너지의 특성(횡파나 줄기 하나로 여러 개의 열매를 매달고 뻗어나가는 메커니즘) 때문에 금기시 하거나 주의해서 섭취해야 한다.

3

새로운 선택, 셀프 힐링

자신의 병을 스스로 치유하는
셀프 힐링

셀프 힐링(Self healing mechanim)이란 말 그대로 화학 약품
이나 타인의 도움 없이 자신의 힘으로 스스로 자신
의 생명을 관리하는 생명본질(生命本質)론을 바탕으로 하는 전인치유(全
人治癒)의 자연의학이다. 사전에는 셀프 힐링의 Self를 다음의 네 가지로
설명하고 있다.

1. 자기(自己) : 통합된 인격의 총체적 의미로 원칙을 제정(制定)하는 중
   심 존재로 풀이된다.
2. 자아(自我) : 의식만을 중심으로 풀이된다.
3. 자신(自身) : 위의 1, 2번을 담고 있는 몸을 뜻한다.
   1번 2번 3번은 우리가 잘 알고 있는 뜻이다.
4. 진수(眞髓) : 참 진(眞)-생긴 그대로, 골수 수(髓)-사물의 중심
   네 번째로 설명되어진 진수(眞髓)와 함께 네 가지의 뜻을 모아 생긴
   그대로 사물의 중심이 되는 자기 자신과 자아라고 풀이하면 된다.

'healing' 은 치유(治癒)라는 뜻이다. 치유는 풀이 그대로 다스릴 치(治), 병이 낫는다는 유(癒)로 다스려 병이 낫는다는 뜻이다.

우리는 지금까지 병에 걸리면 무조건 병원에서 진단을 받고, 그에 따른 약을 조제 받거나 수술을 통해 병을 고쳐왔다. 그러나 그러한 치료는 원인을 원천적으로 제거하는 것이 아니라 결과에 대한 치료일 뿐이다. 더 큰 문제는 현재의 치료법이 최상의 치료가 아니라 최선의 치료라는 것이다. 그래서 치료가 불가능한 경우가 많은 것이다.

고질적이고 질긴 사스와 같은 감기도 셀프 힐링을 통해 치유할 수 있다. 나아가 셀프 힐링은 치유뿐만 아니라 원천적으로 유행성 독감에 걸리지 않는 힘을 줄 수 있다. 이러한 셀프 힐링의 힘이 강력하다고 해서 파워(power)라는 단어를 붙여 '셀프 힐링 파워' 라고도 부른다. 셀프 힐링 파워는 단지 파워(power)라는 단어를 붙였을 뿐이지만 큰 변화를 갖는다. 즉 자기 스스로 치료를 완성하는 능력과 에너지를 창출하는 힘을 갖춘다는 뜻이 된다.

셀프 힐링을 두고 자연의학 연구가들은 '배설의학' 이라 부르기도 한다. 현대인들의 질병은 사고나 유행성, 세균성 질환을 제외하고는 대부분 잘못된 섭생으로 오폐물을 쌓아둔 결과 생기는 병이기 때문에 셀프 힐링을 통해 오폐물을 쏟아내고, 자신의 본질과 본성을 찾는 자연치유의 세계다.

셀프 힐링은 누구의 간섭도 받지 않고 묵묵히 자신의 내면을 깊숙이 들여다보며 번뇌를 삭히고, 지관타좌(止觀他座)의 자세로 자신을 다스려 자아실현을 이루자는 깊고도 넓은 인간완승의 가장 빠른 지름길이라고 정의할 수 있다.

셀프 힐링은 인류의 시작과
함께 시작되었다

셀프 힐링의 역사는 인류가 시작된 그 시점부터라 말할 수
있다. 인류는 질병을 치료하고 건강을 지키기
위해 본능적인 방법, 즉 직관에 의존한 방법을 쓰게 되었다. 신(神)이나 악
마에 의해 병이 들기도 하고 병이 낫기도 한다는 신설(神說)도 있었지만, 산
이나 들에 널려있는 풀을 찾아 그것이 지니고 있는 약성으로 병을 치료한
초근목피(草根木皮)의 자연 치유학이 셀프 힐링의 뿌리라고 할 수 있다.

신설에 의한 본능적인 치료술은 주술사(呪術師)가 주도하기도 했지만,
대부분 인간 스스로의 자연치유력에 맡기는 방법이었다. 이 방법은 현대
용어로 항상성(恒常性)시스템이라 부른다. 항상성은 신체에 어떠한 이상
이 있어도 적당히 시간을 두면 그 시스템에 의해 원래의 모습(recovery to
normal physical condition)으로 자연히 돌아간다는 뜻이다. 돌이켜 보면
옛날 어르신들이 된장과 간장으로 상처를 덮어 일정한 시간이 지나 스스로
치료가 되기를 기다렸던 민간요법도 항상성을 유도하는 방법이었다.

서양의학의

기원은 고대 그리스의 히포크라테스로부터 시작되었다. 특히 히포크라테스는 질병 치료에 있어 의사의 윤리관은 의술이 기술이 아닌 인간 중심의 인술이 되어야 함을 가르쳤다. 그는 또한 "음식으로 고칠 수 없는 병은 약으로도 못 고친다."고 말해 밥을 잘 먹는 것이 그 어떤 약보다 낫다는 것을 강조했다. 즉, 음식을 통해 병을 조절하는 것이 무엇보다 효과적이며 건강관리에 유익함을 주장했던 것이다.

의학의 시조 히포크라테스 이후 고대 로마의 C.갈레누스에 의해 실험의학이 시작되었고, 16세기 이후에는 A.베살리우스의 해부학, P.A.파라셀수스의 화학요법, 17세기 W.하비의 혈관순환설, 18세기 G.모르가니의 병리해부학, 19세기 R.피르호에 의한 세포병리학, 영국의 입상병리학자 T.시드남, 네덜란드의 내과의사 H.부르하베에 의해 서양의학은 크게 진보하였다. 종두를 발견한 E.제너와 장내 세균으로 유명한 세균학자 L.파스퇴르, R.고흐 등은 서양의학 발전에 큰 공헌을 한 학자들이다. 그러나 현대에 와서 의료의 산업화는 인술보다 기술로 자리 잡았고, 의성 히포크라테스의 가르침인 '음식이 약이다' 는 무너졌다. 그리고 약은 의사와 약사의 고유권한과 경제력의 한 방편이자 제도권이라는 권력을 부여받아 우리를 길들여 왔다.

셀프 힐링의 역사가 가려졌던 그 긴 시간 동안 우리는 우리의 본성을 잊고 현대과학과 편의주의에 미혹돼 화학적인 약물에 의존해 병을 끌어안고 고통받아 왔으며, 누가 나를 고쳐줄까 하는 의타심에 젖어 살도록 만든 것이다. 이제는 체질별 영양밥과 김치로 우리의 본성을 되찾을 때가 온 것이다.

셀프 힐링을 알면
건강이 보인다

옛 어른들은 여인이 임신을 하면 태교를 통해 몸과 정신을 교육시켰다. 우리의 전통 태교는 칠태도(七胎道)라는 인체의 일곱 중심점의 에너지와 상통하는 태교법이다. 임신 2~3개월 때는 평생을 좌우하는 태아의 기품(氣稟)이 형성된다고 믿어 명향(名香)을 가까이 하는 이른바 오늘날의 아로마 테라피를 가르쳤고, 종고(鐘鼓)를 사용해 차분한 음악을 듣고 주옥(珠玉) 같은 목소리로 노래하게 했다. 또 5~6개월이 되면 태아의 머리가 형성되니 좋은 시와 성현의 말씀을 상기해 아름다운 마음을 가질 것을 권했다.

사람들은 음악이 어떠한 대상에 미치는 긍정적인 효과를 오랫동안 생각해 왔다. 일본에서는 빵이나 국수를 발효할 때 모차르트의 비발디를 틀어 인체에 유익한 먹을거리를 만들었고, 바흐, 모차르트, 고슈원 등의 음악을 농작물에 들려주어 우수한 품질의 작물을 수확했다는 캐나다의 음악 농법은 음악이 미치는 긍정적 효과의 유명한 사례이다. 하버드 대학의 음악실험은 음악이 미치는 효과를 더욱 확실하게 증명한 일화를 소개한다.

미국 오하이오 주(州)의 어느 부부에게 임신 약 5개월부터 모차르트의 피아노 협주곡, 비발디의 플롯 협주곡, 헨델의 하프 협주곡, 하이든의 현악 사중주, 바흐의 관현악 조곡(組曲) 등을 거실과 부엌, 침실에서 감상하게 하고, 요한 스트라우스 2세의 봄의 소리 왈츠에 맞추어 가벼운 스텝의 무용을 즐기게 한 결과 이들 사이에서 IQ 160 이상의 네 자녀가 태어났다는 것이다.

서양의 클래식 음악에만 이러한 효과가 있는 것은 아니다. 우리의 클래식인 국악도 이와 유사한 에너지를 가진 곡들이 많다. 농작물에 꽹과리 소리를 들려주어 벼에 기생하는 벌레가 자연적으로 없어지게 한 태평농법이 그러하다. 대금과 가야금 그리고 해금 소리는 태교음악으로 아주 유용하다. 자연의 섭리를 담은 김도향의 태교음악, 국악과 현대음악을 접목시킨 김태곤의 음악치료는 주목할 만한 우리의 음악이다. 스트레스를 풀 수 있는 국악도 얼마든지 있다. 우리의 얼이 담긴 마당놀이가 그렇고, 타악기 공연인 사물놀이도 같은 효과를 나타낸다. 송승환의 아이디어로 탄생한 난타공연은 이제 그 위상을 세계무대로 옮겨 놓았다.

그러나 음악이라고 해서 모든 음악이 인간에게 긍정적인 효과를 주는 것은 아니다. 어느 교수는 그의 실험에서 이별이나 슬픔을 노래하거나 헤비메탈과 같은 음악을 들려준 식물은 음악이 흘러나오는 스피커의 반대쪽으로 줄기를 뻗어가는 현상을 목격하고 그 결과를 학회지에 발표한 적이 있다.

그렇다면 사람의 경우는 어떨까? 어떤 음악이 어떤 사람에게 효과적이고 긍정적인 영향을 미치는 것일까?

O형이나 AB형으로 화·금의 체질인 사람은 국악 회심곡이나 뉴에이지 곡인 해변가의 동물소리, River Of Life 등이 유익하게 작용할 것이다. A형이나 B형은 이성적인 판단이 필요할 때 차이코프스키의 왈츠, 비발디의 만

돌린 협주곡이 좋고, 기가 빠져 침체되어 있는 몸을 위해서는 메르카 단테의 플루트 협주곡, 바흐의 관현악 모음곡 1번이 좋다. 관현악은 인체의 제1번 에너지 모음 장소인 생식기를 자극해 기(氣)를 돋우기 때문에 성인들에게 이롭게 작용한다.

그러나 학생이 음악을 들으며 공부를 하는 경우 가사가 들어있는 노래는 효과적이지 못할 때가 있다. 대부분 집중력을 요구하는 학과 공부를 할때 가사를 의식적으로 인식하게 되기 때문에 노래의 희노애락에 자신의 감정을 몰입해 흐름을 같이 하는 결과를 낳아 오히려 공부에 장애가 된다는 것이다.

미국의 직업 안정 건강국에서는 사람이 하루에 4시간 정도 매일 반복해서 95dB의 소리에 노출되면 난청이 되기 쉽다고 보고했다. 우리의 생활 속에서 일어나는 소음은 인간의 뇌에 강한 스트레스로 작용한다. 대낮에 번화가의 소음은 85dB, 전철의 가드레일 밑이 95~100dB로 이것은 헤드폰의 볼륨을 올린 수준과 맞먹는다. 난청을 방지하는 의미에서도 그렇고 뇌파를 평안하게 하기 위해서도 신중한 음악 선정과 적정 수준의 볼륨을 유지하는 것이 필요하다.

음악이 에너지로서 우리의 삶에 얼마나 깊이 관여하는가를 입증하는 예로 우리나라 가수들의 사망 사건을 그들의 음악과 참고하길 바라면서 삼가 고인의 명복을 빈다.

〈낙엽 따라 가버린 사랑〉의 차중락 (약물 중독, 26세, 10월 사망)
〈안개 낀 장충단 공원〉, 〈마지막 잎새〉의 배호 (A형, 신장병, 32세, 11월 사망)
〈간다〉, 〈하얀나비〉의 김정호 (B형, 약물중독, 34세, 11월 사망)

〈소녀와 가로등〉의 장덕 (A형, 약물중독, 29세 사망, * 장현(친 오빠) -설암 사망))

〈난 정말 몰랐었네〉의 최병걸 (B형, 간암과 골수암, 38세 사망)

〈우울한 편지〉의 유재하 (교통사고, 25세, 11월 사망)

〈곡예사의 첫사랑〉의 박경애 (A형, 폐암)

〈내 눈물 따라〉의 서지원 (1월 사망)

〈내 사랑 내 곁에〉의 김현식 (약물중독, 32세, 11월 사망)

〈먼지가 되어〉의 김광석 (32세, 1월 사망)

〈선녀와 나무꾼〉의 김창남 (B형, 간암, 6월 사망)

강병철과 삼태기의 강병철 (O형, 43세, 교통사고 사망)

〈여고 졸업반〉의 김인순 (32세, 교통사고 사망)

길은정 (직장암, 1월 사망)

〈저 꽃속의 찬란한 빛이〉의 박경희 (A형, 간암)

원티드의 서재호, NRG의 김환성, 듀스의 김성재 등은 갑자기 죽음을 맞이할 수밖에 없었다고 해도 조금만 중심을 잃지 않았더라면 불행은 막을 수 있었다는 것이 공통된 의견이다.

위의 예를 보면 대부분 추운 계절에 불행을 맞이한 것을 알 수 있다. 특히 음 체질을 가진 사람은 10~11월, 1월에 몸이 냉해지면서 불행을 맞는다. 우리의 체질은 암세포나 부정한 기운을 탈 때 냉한 기운으로 엄습(掩襲)해 온다. 그래서 종합병원의 영안실도 겨울에 유난히 성업을 이룬다는 것이다.

위의 예는 가수들이 자신이 부른 우울한 노래로 본인의 생체 정보를 냉하게 만들었다는 것과 스트레스, 체질의 취약점 등이 얽혀 복잡하고 미묘한 생, 노, 병, 사를 만들었다는 것을 말해 준다. 유명 연예인의 죽음이라고 해서 징크스로 덮어놓을 일이 아니다. 얼마든지 그런 상황을 벗어날 수 있었다고 생각해 보면 얼마나 안타까운 삶이며 죽음인가?

당시 나와 비슷한 시기에 활동했던 고(故) 김정호씨에게 미안한 사건이 있다. 부산의 한 극장에서 당대 유명 가수들의 합동 공연이 있었는데 당시 인기 가수로 한참 주가를 올렸던 김정호씨는 약물중독 증세가 심화돼 20대의 몸에도 불구하고 거동이 시원치 않았고 묘한 냄새를 풍겼다. 이곳저곳 몸이 약해 예민했던 나는 그때 그가 사용한 마이크로는 노래할 수 없다며 떼를 쓰고 소동을 부렸는데 김정호씨는 그 광경을 목격하고도 화를 내기는 커녕 미안하다며 내게 사과를 했던 것이다.

나의 절친한 친구이자 마음이 넉넉했던 박경희씨, 겸손한 인격의 소유자 박경애씨, 부지런하고 생활력이 강했던 강병철씨, 나의 웨딩드레스를 예쁘게 고쳐 입고는 잘 살아 보겠다던 김인순씨, 활달한 성격의 김창남씨, 만나면 상냥하게 웃으며 구김 없던 길은정씨, 나의 히트곡 〈꽃과 나비〉의 악보를 받아 가면서 부산 사투리로 "내 죽기 전에 맛있는 거 사주께 마." 라며 웃으시던 은방울 자매의 큰 언니 박애경씨, 금방울 자매의 작은 언니, 이제 이들은 모두 우리와 이별을 했다.

내가 불렀던 〈당신의 마음〉이라는 노래는 바닷가의 모래밭에 사람의 모습을 다 그릴 수는 있지만 당신의 마음만은 그릴 수 없다는 미묘한 사람의 마음을 가사에 담고 있다. 인간의 영혼과 오묘한 조화를 일으키는 사람의 마음을 표현한 노래로 내가 부른 곡이지만 이 노래를 들을 때마다 나는 왜 모든 인간의 체질은 다른 것인가 하는 '왜?'라는 화두에 매달려 철학자가 되곤 한다. 그것은 누구도 답을 내릴 수 없는 자연의 섭리, 영원히 풀리지 않는 성질의 세계, 사람의 마음, 사람의 체질, 우리의 마음이다.

삶이 끝나는 날까지 우리가 진정 무엇을 위해 살아야 하는가를 생각해 볼 일이다.

셀프 힐링의 무한한 가능성

셀프 힐링은 약을 쓰지 않고도 충분히 자신의 생리적 기능과 내재되어 있는 자연적인 방법을 활용해 순수한 몸을 만드는 목적을 이룰 수 있다. 흔히 건강을 위해 복용하는 보약도 그것의 목적이 정상기능의 수행이 아닌 습관성이나 '남이 좋으니까 나도 좋겠지' 하는 타성에 의한 행위라면 약은 더 이상 약이 아니고 독이 된다. 약리학 교과서의 첫 장에 '약은 독이다' 라고 쓰여 있을 만큼 이것은 약을 공부한 사람이면 약이 인체에 해롭다는 것은 누구나 아는 사실이다.

암을 선고 받은 이후 나는 한동안 항우울제를 비롯한 어떠한 종류의 약이든 먹지 않으면 허전해서 살 수 없을 것 같았다. 셀프 힐링이 아니었다면 지금도 모든 것을 약에 의존해 해결하려고 했을 것이다. 그러나 약은 또 다른 약을 불러 결국 병은 불치병과 난치병이라는 이름으로 발전한다.

원래 약은 풀잎에서 시작되었다. 그래서 모든 제약은 droog라는 용어에서 유래된 건초(dry herb)라는 뜻이 담겨 있다. 진통제의 경우, 식물 성분에 들어있는 천연 아편 알칼로이드와 합성 아편 유사약으로 구분되기는 하지만 금단증상이 심각한 상태로 나타나는 것으로 볼 때 아무리 좋은 약재도 풀잎의 상태에서 약이라고 명명되는 순간, 말리고, 볶고, 다른 약재와 섞이고, 환자가 복용하는 습관에 따라 습관성, 의존성, 탐닉성으로 인해 유해한 물질로 변화되는 것이다. 이런 이유로 한약이든 양약이든 남용하거나 오용해서는 안 된다는 것이다.

약은 언제부터인가 질병의 예방과 유지, 치료를 위한다는 본래의 목적과는 달리 왜곡되고 변형되어 산업화라는 거대한 사각지대에서 본질을 잃어가고 있다.

지금 우리 주변에는 해열진통제, 소화제, 수면제, 항생제, 신경안정제, 항우울제, 호르몬제, 비타민제 등 약이라고 이름 붙여진 수백, 수천 가지의 약이 존재한다. 이 약들은 대부분 우리의 입을 통과하는 경구투여용 제제로 간에서 대사되어 24~74시간까지 약효가 지속된다. 문제는 습관성으로 인한 약의 잦은 복용은 간의 기능을 떨어뜨려 결국 약의 효과를 볼 수 없을 정도로 약에 찌든 육체를 만든다는 것이다. 특히 성장기 어린이들에게 약을 자주 먹이는 일은 삼가야 한다.

충청남도 온천지역 대 지주의 아들이었던 한 남자는 어릴 시절 보약을 비롯한 여러 가지 약을 많이 먹은 탓에 부작용으로 머리가 둔해져 버렸다. 남자가 장성해 결혼을 하게 되었는데 그 아가씨 역시 약을 많이 먹고 자란 탓에 머리가 우둔해진 사람이었고, 불행히도 이들은 저능아에 여섯 손가락을 가진 아이를 낳았다. 거기다 생식기조차 여성도 남성도 아닌 중성인 상태였다고 하니 약의 부작용은 사실 우리의 상상을 초월하는 것이다.

이제 약의 원형인 풀잎 그대로의 순수성을 찾아 셀프 힐링의 식의(食醫)의 세계를 좀 더 밀도 있게 다루고자 한다.

현대의학과 셀프 힐링의
치료 원리와 차이점

모든 치료제를 개발하는 과정에서 현대의학은 동물실험을 병행하고 있다. 이때 사용하는 실험동물은 주로 흰쥐이다. 건강하고 정상적인 쥐의 몸에 암세포 등을 이식해 인위적으로 쥐에게 암이나 기타 질병을 만드는 것이다.

동물실험에 관한 일화가 있다. 시댁에는 동물원과 연못이 딸린 넓은 정원이 있었다. 그 동물원 중간에 빈 공간이 하나 있었는데 말할 수 없는 살기가 느껴져 바라보면 어김없이 기분이 나빠지는 곳이었다. 그 공간이 흉하기도 해서 다른 동물을 길러 볼 생각으로 시할머님과 이야기를 나누는 중에 놀라운 사실을 알게 되었다. 의학자로서 실험정신이 강하셨던 시아버님은 신약(新藥)이 개발되면 인간에게 직접 실험할 수 없는 시료(試料) 물질(物質)을 토끼와 돼지, 개, 쥐 등의 애완동물에게 실험했다는 것이다.

어느 날, 기르던 돼지가 해산을 하게 되었다. 시아버님은 유도분만을 할 목적으로 자궁수축제와 분만촉진제를 돼지에게 투여했다고 한다. 그 후 12

마리의 돼지 새끼가 줄지어 나왔는데 시아버님은 분만 촉진제로 돼지가 순산한 것으로 알고 좋아하셨다고 한다. 그러나 기쁨도 잠시, 어미 돼지가 그 자리에서 제 새끼들을 모조리 물어 죽이는 사건이 일어났다. 자연의 순리를 거역하고 과학이라는 이름으로 조작·처리된 돼지 분만 사건은 그 후 가족에게 평생 잊지 못할 사건으로 남게 되었다. 그러나 그 사건 후에도 시아버님은 여러 건의 동물실험을 시도했고, 그때마다 실험을 말리는 시할머님과 실랑이를 벌어야 했다는 것이다.

기존에 분만촉진제로 쓰이던 옥시〇〇호르몬제는 임신과 비임신의 구별 없이 자궁수축력을 보였으나 2001년에 새로 출시된 생약조성물로 만든 Sp〇〇-002는 임신한 사람의 자궁에만 선택적으로 수축력을 보인다고 한다. 그렇다면 시아버님이 실험에 사용한 수축제는 사람과 동물 모두에게 사용해도 되는 분만촉진제였던 것일까?

자연의 섭리를 겸허하고 무섭게 받아들이라는 할머님의 충고를 그저 노파심 정도로만 여긴 이들은 비단 시아버님뿐만 아니라 현대의학자 모두에게 해당되는 이야기일 것이다.

다음은 분만촉진제로 사망한 의료 사고를 그대로 인용한 것이다.

법적소송으로 이어진 산모 및 신생아 사망의 특수 부검 예

I. 임신 및 분만과 관련된 부검 예 (1990, 92년, 국립과학수사연구소)

사건번호 : 연령, 사고개요 및 사인

- 92-0223 : 23세, 정상분만, 출산 시 상처로 계속 하혈 이완성자궁출혈 4시간 만에 사망

- 92-0421 : 28세, 분만 후 심한 자궁출혈로 4시간 만에 사망 이완성자궁출혈
  (1700~1800cc 출혈, 2 pint 수혈)

- 92-1214 : 24세, 분만을 위해 촉진제 주사, 16시 분만(초산), 이완성자궁출
  혈 18시 하혈이 심해져 후송, 22시 사망

- 92-1240 : 34세, 분만촉진제 주사, 질식분만 후 출혈, 이완성자궁출혈 자궁
  수축제 및 수혈, 6시간 만에 사망

- 92-1282 : 35세, 태아가 갑자기 호흡정지, 출산 후 호흡장애, 이완성자궁출
  혈 혈압하강 7시간 만에 사망

- 90-0217 : 20세, 분만 후 사망 이완성자궁출혈

- 90-3287 : 34세, 분만 후 산후출혈로 사망 이완성자궁출혈

- 90-9753 : 30세, 분만 후 자궁이 수축되지 않고 산후출혈로 이완성자궁출
  혈, 자궁 적출하였으나 사망

이외 32건의 사고 기록이 있다.

II. 임신 및 분만과 관련된 의료분쟁의 판례

판례1. 낙태수술 후 이완성 자궁출혈로 인한 출혈증상과 의사의 주의의무
사건번호 : 대법원 71도1254

판결요지 : 낙태수술을 하고 태아를 낙태시킨 순간부터 심한 하혈을 하는 것
을 보고 자궁수축제와 지혈제를 주사하고 탐폰을 하였으나 아무런 효험이 없

이 여전히 출혈이 계속 되었을 경우 위 출혈증상으로 보아 "이완성자궁출혈"을 예견하였거나 예견할 수 있었을 것이므로 의사로서는 출혈의 근원을 제거하기 위하여 환자로 하여금 자궁적출 수술을 받도록 조치를 취하여 그 출혈로 인한 사망을 예방할 주의의무가 있다.

판례 2. 이완성 자궁출혈에 의한 산모의 사망에 대하여 의사의 과실을 인정한 것이 심리미진이라고 한 예

사건번호 : 대법원 81도2087

판결요지 : 41세의 출산 7회 임신중절 5회의 경력이 있는 임산부에서 분만 후 자궁출혈이 있는 경우 이완성자궁출혈을 예견하여 충분한 치료를 할 수 있는 의료기관으로 즉시 환자를 이송하여야 할 주의의무가 있음에도 이에 대한 조치를 취하지 않아 시간을 지체한 결과 환자의 구명시기를 놓치게 된 것은 의사의 과실이 있다는 판시에 대하여, 이완성 자궁출혈의 원인이 무엇이며 그 산후출혈이 비정상적인 이완성자궁출혈이라고 볼만한 출혈이 일어난 시각, 환자의 체질의 특수성 유무와 만성질환 임신중독증 등 질병의 유무 및 아울러 환자의 용태에 따른 의사의 조치가 의학상 적절하였는가의 여부와 환자의 이송이 빨랐다면 과연 환자의 생명을 건질 수 있었다고 단정할 수 있을 것인지의 여부 등에 관하여 수긍할 수 있는 심리판단이 있어야 할 것임에도 불구하고 이에 이르지 아니하고 의사에게 그 업무상 주의의무를 다하지 아니한 과실이 있고, 또 이로 인하여 환자가 사망한 것이라고 만연히 인과관계가 있음을 인정한 조치에는 필경 심리를 다하지 아니하여 업무상 과실치사죄의 법리를 오해하고 채증 법칙에 위반하여 증거에 의하지 아니하고 사실을 그릇

인정한 위법이 있다고 하지 아니할 수 없고 이는 판결 결과에 영향을 미쳤음이 명백하므로 이를 비의하는 논지는 그 이유가 있다.

판례 3. 낙태수술 후 통상보다 과도한 출혈이 있었다는 것만으로 이완성 자궁출혈을 예견하지 못한 것은 진료 상 과실을 인정할 수 없다.

판례 4. 태아의 두부 손상이 분만 당시 의사의 과오에 인한 것으로 보이고, 출산 전후를 통하여 달리 뇌성마비의 원인이 될 만한 태아의 감염이나 이상을 인정할 자료가 없다면 태아의 두부손상이 뇌성마비의 원인이 된 것으로 추정되므로 의사의 의료과오가 인정된다.

이하 4건의 의료분쟁 판례기록이 있다.

제목 : 출산 중 산모·태아 사망 '의료사고' 논란

지난 26일 강원도 원주시 모 산부인과에서 출산 중이던 산모가 태아와 함께 사망하는 사고가 발생, 의료사고 논란이 일고 있다.
이날 사고는 출산을 위해 분만촉진제를 맞은 산모가 숨을 못 쉬겠다고 어려움을 호소하면서 발생, 태아가 사망했고 이후 산모도 긴급히 연세대 원주기독병원으로 옮겼으나 사망했다.
유족들은 산모가 분만촉진제를 맞고 난 후 의료진들이 모니터링을 제대로 하지 않아 순식간에 위급상황이 발생했고, 병원 측이 이에 적절히 대처하지 못해 산모와 태아가 모두 사망했다는 주장을 펴고 있다.

특히 유족들은 "분만촉진제를 투여한 후 초기에는 옆에서 간호사 등이 이를 지켜봐야 하는데 그렇지 못해 사고가 났다."는 주장을 제기, 해당 병원 측 과실 여부가 논란이 일 것으로 보인다.

이에 대해 병원 측은 현재 정확한 입장을 피력하지 않은 것으로 알려졌는데, 경찰은 28일경 부검을 통해 사인을 규명할 예정이다.

황종욱기자 2005-06-28

간암에 대한 새로운 생약 치료제, 백혈병 치료제인 글O팩 시판을 두고 국내 연구진과 언론이 환자들과 국민들의 관심을 유도했던 적이 있다. 하지만 이러한 치료법은 기존의 치료법과 마찬가지로 단순히 증상을 제거하는 방법이며, 근본적인 원인을 치료하는 방법이 아닌 것으로 생각된다.

어떤 질병이든 거기에 사용되는 약은 반드시 부작용을 수반하고, 질병을 억제하는 과정에서 인간 본연의 체질, 생명 본질에 이상 변형을 초래하기 때문이다. 동물실험 단계에서 성공을 거두었다고 해도 그 오류는 다음과 같다. 세상의 모든 생명체는 동물이든 식물이든 각기 본연의 생명체질과 그에 따른 체내의 정보와 환경에 따른 변화가 다를 수밖에 없다. 각자 그들이 뿌리내리고 사는 환경에 영향을 받아 이행형(移行型)의 삶을 살고 있다. 이렇게 이행형의 체질로 인체의 면역체계가 바뀌는데 인위적으로 질병을 일으킨 동물실험이 어떻게 인간의 병과 대등한 것으로 간주될 수 있는가 하는 생각이다.

실험용 동물의 병은 인간의 만성병처럼 오랜 기간 변이를 통해 발생한 암이나 질병이 아니라 임의로 이식된 암 조직에 의해 병에 걸린 것이다. 또한 동물은 인간의 DNA 구조와 근본적으로 판이하게 다르기 때문에 설사 동물에게서 치료의 효과가 나타났다 하더라도 모든 인체에 그 효과가 적용될 것이라는 믿음은 어리석은 일이다.

　호르몬 과다 복용으로 북한에서도 문제가 일어났다는 보도가 있었다. 북한 김정일 국방위원장의 차남인 김정철이 여성호르몬 과다증으로 인해 유럽에서 치료를 받은 적이 있다고 보도됐는데 고환의 종양이나 간 질환의 심화로 인한 약물 복용은 그 후유증 또한 심각함을 알려준 예다.

　에이즈나 에볼라(Ebolz)라고 하는 난치병이 어떤 항생약이나 현대적인 방법으로 치유하기 어려운 에너지 고갈 시대의 환경병이라고 결론을 내린 어느 의학자의 말을 빌리고 싶다. 오존층이 파괴되면서 과다 방출된 자외선에 노출된 동물(아프리카 원숭이)의 질병이 사람에게 옮겨온 것이라면 이제라도 환경을 개선하고 지구를 살리는데 더 큰 힘을 쏟고 연구·개발에 게을러서는 안 된다. 현대의학의 진단법과 화학요법은 과학의 발전과 더불어 고도로 발전했지만 그것은 병의 현상만을 제거하기 위한 노력의 결과인 셈이다.

　일본의 의사 오카다 이코의 경고를 의미심장하게 받아들여야 하는 이유를 살펴보자. 그는 특별히 병원에서 안겨주는 약을 신줏단지처럼 여기는 사람들에게 경고했는데 성업 중인 병원을 찾는 환자에게는 더욱더 경고했다. 그의 말에 따르면 위장병 환자에게 주는 약의 경우 소화제를 비롯한 소화효소제, 중화제, 소염작용효소제, 신경안정제 등이 한데 섞여있다는 것이다. 그 약들 중 어느 것 하나는 환자의 병에 해당되기 때문에 의사가 어림짐작으로 처방한 약도 플라시보 효과가 있다는 계산이 나온다는 것이다.

플라시보 효과는 약처럼 생긴 것을 먹거나 보기만 해도 약을 먹었다는 자기 체면에 의해 병이 낫는 효과를 볼 수 있다는 의학 전문 용어이다. 그렇다면 플라시보 효과만 있어도 되는 환자에게 왜 그렇게 많은 약을 주는가? 그것은 보험수가를 올리기 위한 목적이라는 것이다. 국민들을 실험대상으로 의료수가를 올리는 병원은 히포크라테스 정신이 사라진 악의(惡醫)적인 인술을 위장한 상업주의 발상이라 할 수 있지 않겠는가?

플라시보 효과는 따뜻한 위로의 말이 더 많은 효과가 있다. 따라서 근본의식 자체도 파악할 수 없는 혼돈에 빠져있는 우리는 이제 약물에 의존하는 삶을 버리고 새로운 길을 모색해야 한다.

농약에 내성이 생겨 죽지 않는 곤충과 동물, 방사선이나 강력한 항생제에도 살아남는 슈퍼 박테리아 등 동물과 바이러스는 혹독한 환경 속에서도 종족 보전을 위해 진화해 그 생명력이 더욱 강해졌고, 자연치유력을 키워 대기 중에도 떠다니고 있다. 이러한 지구 환경 속에서 인간이 어떻게 생존해 나가야 할지 답답한 노릇이다.

진정한 인술이라면 병의 근본 원인을 찾아내고, 현대의학이 지닌 장점과 환자의 라이프 스타일의 문제점을 찾아 개선하도록 충고하고 처방해야 한다.

된장, 고추장도 썩고 있다

옛말에 '음식 맛은 장맛이다', '말썽 많은 집은 장맛이 쓰다' 는 말이 있다. 그런데 이 말에는 놀라울 만큼 예리한 과학이 숨어 있다. 장이 발효를 시작하면 각종 유익한 미생물이 발생하기 시작하는데 그때 집안에 시끄러운 일이나 우환이 생기면 미생물의 고유 주파수에 횡파에너지(부정적인 에너지)의 간섭이 일어나 장맛의 질적인 가치가 떨어져 쓴맛이 나게 되기 때문이다.

우리 선조들은 자연치유학이나 자연과학이라는 전문 용어가 생기기 훨씬 전부터 오묘한 파동의 세계를 경험으로 알았던 것이다. 된장은 단백질의 보고로 항암 기능, 혈압강화, 항 콜레스테롤 작용을 하는 것으로 보고되었다. 그런데 오늘날의 된장, 고추장은 어떠한가? 장의 단맛을 내기 위해 공장에서 사용하는 삭카린은 음료수, 과자, 잼 생산에 쓰이는 발암 물질이며, 아이스크림, 음료수, 껌, 드롭프스 등에 쓰이는 향료 아세트페논, 인돌, 에틸바닐린, 시트랄, 티몰 또한 발암 물질이 섞여 있다고 규명된 것들이다.

음 체질인

수·목 체질은 된장을 약하게 고추장 맛을 강하게 먹는 것이 유리하고, 양 체질인 화·금 체질은 된장 맛이 강한 음식을 섭취하는 것이 유리하다. 확률적으로 지상에서 2, 3층 이상의 높은 아파트에 사는 사람은 질병 발생률이 높은 것으로 연구되고 있다.

오래 전 체질별 먹을거리 임상시험을 위해 설문조사를 시행했던 약 3,000천여 명의 주거 형태를 살펴본 결과 암의 진행 속도가 악화되어 가는 사람의 약 70%가 높은 층의 아파트를 선호했다. 반면 비교적 낮은 층이나 평지 또는 산 가까이에 살았던 사람의 치병(治病)률은 높은 비율로 나타났다. 실제로 내가 7층 아파트에서 살았을 당시 된장과 고추장을 담근 적이 있는데 해가 갈수록 장맛이 쓰고 싱거워지면서 맛이 없어지는 것을 경험했다. 사람은 날개 달린 짐승이 아니기 때문에 자연치유의 근본이 땅의 기운을 받을 수 있는가, 없는가에 달려 있는 것이다. 또 장맛은 소금으로도 좌우되는데 무엇보다 소금의 중요성을 주목해 알아두어야 한다.

미국의 식품치료학자로 널리 알려진 오하이오 주 지방 재판소의 수석 감찰관 리드 여사가 있다. 1975년 리드 여사는 범죄자 약 100명에게 자신이 개발한 식사 방법으로 범죄자들에게 식사를 제공했다. 식사 개선 얼마 후 범죄자들은 인생이 이렇게 살만한 것인지 몰랐다는 평가를 재소자들을 통해 증명했다. 재소자들 대부분이 저혈당증 환자였는데 그동안 그들의 식사는 밀가루 음식인 빵과 인스턴트 음료, 튀김류, 육류, 동물성 기름 등의 식단이었다고 한다.

리드 여사의 증언을 빌리지 않더라도 범죄와 식사는 불가분의 관계에 있으며 가정 폭력, 아동 학대 등의 증가도 먹을거리의 왜곡이 가져온 결과라는 결론을 얻게 된다. 리드 여사 자신도 한때 저혈당증으로 쉽게 흥분하고,

항상 마음이 허전했으며, 건망증, 인내력의 부족, 자살충동, 분노를 삭이지 못하는 등의 증상이 심했다고 한다. 그러한 증상으로 병원에 가면 의사는 건강 염려증이라는 애매모호한 처방으로 신경안정제만 처방해 주었다는 것이다. 그 후 그녀는 당뇨병을 얻어 식이요법을 결심하게 되었고, 자연치유학을 연구하게 되었다고 한다.

그 후 미국 상원의원들은 '리드식 식사법'에 찬동하고 영양문제 특별위원회를 조직해, 위와 같은 범죄자들의 건강에 문제가 발견되면 '리드식 식사법'을 하도록 법에 의한 식사개선 명령을 내리게 되었다는 기록이다.

현재 지구상의 인구 중에 1/4 이상이 저혈당증 환자라고 보고되고 있다.

우리나라도 범죄율을 줄이는데 한 몫 단단히 할 양생법을 미국의 법원처럼 벤치마킹할 필요가 있지 않을까 생각해 본다. 뭐니 뭐니 해도 예방이 제일 중요하기 때문이다.

밥상 위의 유관순 강순남

나의 친구들 중 얘기할 수밖에 없는 두 사람이 있다. 강순남과 유민정이 그들이다. 두 사람 다 일 욕심이 많은 사람들인데 이들의 공통점은 대형식당을 체인으로 운영하고 있는 사업가이자 가진 재능 또한 만만치 않다는 점이다. 체질학과 인간학을 연구하는 나에게 두 사람은 많은 얘기 거리를 남겨주는 사람들이다.

강순남은 O형이고, 유민정은 AB형이다. 유민정 얘기는 다음 책에서 자세히 소개할 것이다. 나는 내심 O형의 친구인 강순남을 더 사랑하고 자랑스럽게 여긴다. 운명적인 만남을 느끼게 하는 사람이다.

강순남은 전통 한식요리점을 운영하고 있다. 사실 식당 운영이라고 하면 맛있는 음식과 고객 관리로 식당을 유지해 나가는 것으로 족하건만, 그녀는 인류애가 어쩌나 투철한지 난치병에 걸렸거나 산성 체질, 허약 체질인 사람을 보면 그냥 넘어가지를 못하는 것이다. 마치 유관순이 목숨을 걸고 민족의 앞날을 걱정하듯 병약한 손님의 건강을 염려하는 것이었다.

그녀가 운영하는 식당은 강남의 특허청 바로 뒤편에 자리한 수백 평이 족히 넘는 곳으로 '장독대'라는 간판을 달고 있었다. 그녀와 친구가 되기 훨씬 전부터 자주 가곤 했던 식당으로 어쩌다가 그 식당을 가지 않은 날이면 무언가 할 일을 빼놓은 것처럼 허전하고 나를 끌어들이는(아니 빨아들인다고 표현하는 것이 맞는 말인 것 같다)것이 단순히 음식 맛 때문은 아닌 것 같았다. 분명 맛 이상의 것이 있었다.

지금은 서울대학 근처 장독대에도 가끔 들르곤 하지만 특허청 뒤편에 있었던 장독대는 시설이 좋았고, 한국적 분위기의 인테리어가 최상이었다. 음식 가격도 그리 비싸지 않아 외국인들이 상당히 많이 찾던 곳이었다. 나는 점심이나 저녁 식사를 해야 할 일이 생기거나 외국에서 손님이 찾아오면 무조건 그곳으로 손님을 안내하곤 했다. 강순남 사장이 운영하는 식당 1~2층의 손님들은 거의가 단골손님이었기 때문에 그녀는 밥 때가 되면 내가 찾아오겠거니 하는 눈치였다.

나는 그녀가 식당을 찾아온 손님보다 3층의 환자와 자신의 교육생들에게 더 관심을 가지고 정성으로 대하는 모습에 깊은 인상을 받았다. 그녀는 식당 주인이었지만 암 환자들을 우르르 몰고 다니는 선생님이었던 것이다. 매일 두 가지 모습으로 살아가는 강순남의 모습을 이해하지 못한 사람들도 많았을 것이다. 맛있게 음식을 먹어야 할 식당에 환자들이라니 쉽게 이해할 수 없는 풍경이었던 것이다. 식당을 찾은 1~2층의 손님들은 그녀를 단순히 식당주인으로 알고 있었지만, 3층의 사람들은 그녀를 선생님으로 모시고 있었다.

나는 그녀의 식당 운영 방법과 3층 사람들이 궁금해 식사 때만 되면 음식 취향이 전혀 다른 사람도 설득해 그곳으로 발길을 돌리곤 했다. 식당에 있는 3층 사람들은 병원에서 포기했거나 난치병으로 고통 받는 중환자들이 많았는데 강순남은 그 사람들을 주기적으로 모아놓고 마치 누나가 동생들을 가르치듯 섭생의 원칙과 난치병에 대한 자가 치료 방법을 가르치고 있었다. 된장 찜질을 해주고 풍욕을 하고, 여성 환자들을 데리고 목욕법을 가르치기 위해 단골 목욕탕에 가기도 하는 것이었다.

더 놀라운 것은 이러한 부인을 평상심과 자랑스러운 마음으로 주차장 차량 관리부터 재료를 사다 나르는 일까지 온갖 굳은일을 마다하지 않고 묵묵히 외조하는 그녀의 A형 남편이었다. 남남끼리 만나 저렇게 찰떡궁합일수가 있을까? 생각해 보면 서로 돌보기가 잘되는 혈액형끼리 만나면 못할일도 없겠다는 생각에 두 사람이 자신의 부부처럼 다른 부부를 찰떡궁합으로 만들어 주는 인생 상담소를 함께 운영하면 불행한 이혼 등은 없겠거니 생각하며 감동을 받곤 했다.

어느 날 모 컨설팅업체 대표가 이 식당을 놓고 심하게 염려하면서 충고하기에 이르렀다. 맛있는 음식을 먹고 즐거워야 하는 식당의 분위기는 안중에 없고 중환자들이 시시때때로 우루루 몰려다니니 한마디로 '식당 버리겠다' 는 것이었다. 그러나 강순남 사장은 O형의 특성 그대로 너무나 의기양양하게 '상관없다' 고 외치면서 사명감 하나로 버텨나갔다. 아무튼 이런 저런 요인과 환경 연구가의 사업자금을 지원하던 그녀는 결국 자금난에 부딪혀 소중하게 가꾸었던 장독대는 안타깝게도 강제 퇴거를 맞게 되었다.

강제 퇴거가 있던 그때 나는 식당 3층에서 된장요법이다, 커피관장이다 해서 주기적으로 단식 요법을 시행 중이었다. 식당 주방에서 올라오는 그 맛있는 음식 냄새를 맡으면서 하는 단식 요법은 크나큰 고통의 수행, 바로 그것이었다. 아무튼 강제 퇴거를 당하던 그날도 강순남은 눈 하나 깜짝하지 않았다. 그녀는 아침 일찍 어떤 환자의 연락을 받고 지도해 주러 간다고 집을 나섰다. 나는 아무래도 느낌이 좋지 않아 '오늘은 그냥 식당을 지키고 있는 편이 좋겠다'고 만류했다. 그러나 그녀는 모든 일이 하늘의 뜻이라며 유유히 환자를 찾아갔고, 그 사이 100여 명이 넘는 사람들에 의해 삽시간에 식당 주차장은 온통 된장, 고추장을 담은 장독대로 가득 차는 진풍경을 연출했다.

그러나 그러한 일을 겪으면서도 의연한 태도를 보인 강순남은 또 다른 체인점인 도곡동의 산채 식당과 자신의 집에 많은 짐들을 옮겨 놓고 언제 그런 일이 있었느냐는 듯 식당과 환자 돌보는 일을 게을리하지 않았다. 나는 그녀의 모습을 지켜보며 그 의연함과 당당함에 놀라움을 금치 못했다. 오뚝이 같은 그녀의 의지와 끈기, 사명감과 인류애를 누가 따를 수 있겠는가?

강순남은 1920년대 공학자이자 자연요법의 선구자인 일본의 니시 선생의 니시 의학을 접하면서 자연요법을 자신의 일과 접목해 구체화하기 시작했고, 지금은 많은 경험을 토대로 자연식 연구가로서 명성이 높다. 음식의 간을 비싼 죽염으로 하는 식당은 대한민국에서 아마 그녀의 식당뿐이지 않을까 싶다.

그녀는 어린 시절 경상북도 상주의 모동이라는 시골 마을에서 50여 명의 3대가 같은 동네에서 일가를 이루며 살았다고 한다. 대소 간의 훈훈한 정으로 성장한 그야말로 흙냄새 폴폴 나는 된장, 고추장 같은 이미지가 꼭 유관순 같은 이미지를 풍긴다. 그래서 나는 그녀에게 '밥상 위의 유관순'이라는 별명을 붙여 주었다. 고을 원님을 지낸 할아버지와 신사임당상을 받을 만큼 덕망이 높으신 할머니, 글을 깨우치지 못한 사람들을 데려다 글을 가르치신 그녀의 어머니, 그분들은 시시때때로 나라와 민족을 위해 기도하고 봉사정신이 남다른 분들이었다고 강순남 원장은 회고한다.

이러한 가정 분위기 속에서 자란 강순남 원장에게 '장독대'는 돈을 위한 사업이 아니라 우리 인간에게 중요한 먹을거리를 왜곡하는 이들과 그로 인해 왜곡된 체질을 갖게 된 사람들의 잘못된 식습관을 바로잡기 위한 수단인 것이다. 어떤 때는 그녀의 성격이 강성이어서 입이 다물어지지 않을 때도 있지만 그러한 카리스마가 없었다면 과연 그녀를 따르는 사람이 몇 사람이나 되었을까 싶다.

이제 독자들도 그녀를 조금은 이해하게 되었으리라 생각한다. 왜 그녀가 1~2층의 손님보다 3층의 손님을 더 소중하게 생각했는지 그리고 내가 왜 강순남 원장을 자랑스럽게 생각하는지를 말이다. 자연건강요법 그 자체가 하나의 환경운동이며, 애국하는 일임을(병을 예방할 수 있으니 의료보험료로 인한 국가 예산도 줄일 수 있다) 그리고 이 땅의 많은 O형들은 이러한 강원장의 정신과 체질을 닮을 때 건강한 O형의 체질로 돌아갈 수 있으리라.

한 가지 아쉬운 점은 곳곳에 무늬만 장독대인 집들이 우후죽순처럼 생겨나 온갖 조미료를 사용해 식당을 운영하고 있다는 것이다. 지금 강순남 원장은 범국민 운동인 '우리의 밥상 살리기 운동'을 대대적으로 시행하고 있다. 그리고 나 또한 그와 같은 운동에 동참하고 있음에 자부심을 느낀다. 천연 방부제, 천연 항염제, 천연 항균제, 천연 항암제인 우리의 장독대 파이팅! 그리고 밥상 위의 유관순, 강순남 파이팅!

다음은 한국건강연대에서 저자가 공동 대표를 지낼 때(2004) 회원들에게 띄운 소금에 관한 편지이다.

소금 이야기

중국산 소금으로 꽤나 시끄러운 요즘, 오늘은 여러분과 소금에 관한 이야기를 나누어 볼까 합니다. 사실 중국산 소금은 먹거리 대란의 주범이기도 합니다. 요즘 식품공장에서 쏟아져 나오는 가공식품의 맛이 예전과 많이 다릅니다. 특히 공장김치의 경우 맛이 쓰고, 빨리 물러지는 원인은 바로 중국산 소금 때문이기도 합니다.

중국산 소금은 입자가 고르지 않고, 염도가 높고 단단해 물에 녹는 시간이 국산의 소금보다 훨씬 오래 걸립니다. 그러다보니 야채에 소금이 고루 흡수되지 않고 겉돌아 국물은 짜고 배추는 빨리 물러 쓴 맛을 내게 되는 것이지요.

같은 황해지만 중국의 동해안은 한국의 서해안보다 수심이 깊고, 간만의 차가 작으며 갯벌이 훨씬 빈약해서 채염(採鹽)하는 수심이 들쭉날쭉 입니다. 그에 비해 한국의 염전은 수심이 일정하고 당일에 채염하지만 중국은 며칠에 한번 씩 채염을 합니다. 이렇게 중국산과 국산의 소금은 채염 과정이 다릅니다. 염도 또한 국산이 80~82%인데 반해 중국산은 거의 90%에 가깝습니다.

현재 국내 소금 시장의 70%를 중국산이 잠식하고 있습니다. 배추를 절이는 소금뿐만 아니라 김치공장에 공급되는 젓갈도 중국산이 대부분입니다. 가격 면에서 중국산이 몇 배나 싸기 때문입니다. 30kg 도매가의 경우 국산이 12,000원, 중국산이 3,000원입니다. 그러니 웬만한 젓갈공장, 김치공장들은 중국산을 쓸 수밖에 없겠지요. 주부들이 정성을 다해 맛있게 김치를 담가도 예전과 같은 김치 맛이 나지 않습니다. 주부들의 솜씨 탓이 아니라 중국산 소금과 젓갈 때문입니다.

소금은 인류 역사에서 가장 오래된 가장 기본적인 조미료이자 필수 영양

소입니다. 소금이 없으면 인간은 생존이 불가능합니다. 그런데 이 소금이 양적으로나 질적으로 먹거리 대란의 주범으로 떠오르고 있습니다.

옛날에는 소금이 귀해 금과 같은 가치를 지녔다 해서 '작은 금'이라 불렀습니다. 한때 소금은 화폐의 역할을 하기도 했고, 하얀 황금이라 불리기도 했지요. 인간에게 소금은 없어서는 안 되었기 때문에 인류 역사는 언제 어디서나 소금과 함께 흘러왔음을 알 수 있습니다.

동양철학에서는 '금생수(金生水)'라 해서 물의 어머니가 금이라 했습니다. 금이 있는 곳에 있는 물은 변하지 않으니 소금도 금과 같아서 소금이 있는 곳의 물도 변치 않는다고 했습니다.

고대 그리스에서 소금은 깨끗하게 하는 힘, 거룩한 힘을 갖는 신성한 물질로 질병을 치료할 수 있다고 생각했습니다. 한국에서는 나쁜 것을 쫓는 데 소금을 뿌리는 습관이 있고, 구약성서에서는 하느님과 사람의 영원히 변치 않는 거룩한 인연을 '소금의 계약'이라고 해서 그 사람들을 '땅의 소금'이라고 불렀답니다.

소금의 이러한 중요성, 귀중성, 신성성 때문에 동·서양을 막론하고 많은 사람들이 소금을 노래하고, 화폐로 사용하고, 약품으로 사용해 왔습니다. 서양보다는 동양의 문헌에서 소금에 대한 구절을 많이 찾아볼 수 있는데 서양의학보다는 한의학에서 널리 약재로 썼음을 알 수 있지요.

그렇다면 이러한 소금을 과연 어떻게, 얼마만큼 먹어야 할까요?

서양의학의 견지로 보면 짠 음식은 고혈압을 일으키는 원흉으로 소금이 적게 든 음식을 먹어야 한다는 것이 지금까지의 상식입니다. '소금, 적게 먹을수록 오래 산다', '소금의 두 얼굴을 아십니까?' 등 소금이 건강에 해롭다는 제목의 글들을 흔히 볼 수 있습니다.

그 제목들이 함축하고 있는 내용을 간단히 요약하면 다음과 같습니다.

- 생존을 위해 필요한 소금의 양은 하루 2g이면 충분하다.(자연식품으로도 얻을 수 있는 양)
- 소금은 위암을 일으킨다. 소금은 위 점막의 손상을 초래해 음식의 발암 물질이 위 점막에 더 잘 침투하고 흡수하도록 도와준다.
- 소금은 혈압을 올린다. 소금은 고혈압의 주요 원인이다. 소금 속 나트륨이 혈관으로 물을 많이 끌어들여 혈압을 높이기 때문이다.

그러나 최근에는 소금이 반드시 그렇지만은 않다는 주장이 제기되는가 하면, 권위 있는 하버드대학의 의학 논문에도 이러한 주장들이 등장하고 있습니다.

실제로 세계 장수촌의 사람들은 소금을 많이 섭취하고 있습니다. 장수촌 사람들은 주로 곡채식 문화권에 속하기 때문에 세포 내 액의 칼륨(K)과 세포 외 액의 나트륨(Na)이 균형을 유지하려면 소금의 섭취가 필수라 할 수 있습니다.

중국의 위그르는 세계 4대 장수촌의 하나로 위그르에 이르는 2천 수 백 Km의 천산남로는 눈처럼 하얀 소금 길입니다. 이 부근에서 재배하는 야채에는 염분이 많은데 위그르 장수촌 주민들은 이 암염을 소금으로 즐겨먹고 있습니다.

육식에는 나트륨이 많이 들어 있습니다. 거기에 소금까지 첨가되면 나트륨이 과잉되기 쉽습니다. 그렇지만 채식은 나트륨과는 반대되는 성질(결항작용)을 갖고 있는 칼륨(K)이 풍부한 식품이기 때문에 소금의 나트륨을 첨가해서 균형을 이루어야 합니다. 장수촌 사람들이 소금을 많이 섭취하고 있는 것도 바로 그 때문입니다.

'소금이 온다'는 말은 우리 염부들이 소금밭에 소금알갱이가 보이기 시작할 때 쓰는 우리말입니다. '소금이 온다' 대신에 '소금 꽃이 핀다', '소금이 살찐다' 라는 순우리말로 쓰기도 합니다. 우리 것, 우리 소금, 금수강산 우리 땅, 우리 물에서 나는 것이 다 좋다지만 몸에 그토록 귀중한 소금도 우리 소금이 최고라니…… 소금뿐만 아니라 우리의 먹을거리들이 외국산에 비해 6배나 건강에 좋은 성분을 지니고 있다 합니다.

그렇다면 과연 어떤 소금이 좋을까요? 중국산 소금을 피한다고 혹시 정제소금을 들고 계신 것은 아닌지요. 정제염과 천일염을 각각 3%로 녹인 물에 바다 고기를 넣었더니 천일염을 녹인 물의 물고기가 더 오래 살고 정제소금물의 물고기는 얼마 못가 죽고 말았다고 합니다.

그럼, 중국산 소금을 구별하는 방법을 알려드리면서 소금 이야기를 마칠까 합니다. 소금 입자의 크기가 일정한지, 손으로 쥐었다 놓을 때 손바닥에 달라 붙는지, 손으로 비빌 때 소금이 부서지는지, 마대 표면에 간수가 말라 붙은 끈적함이 남아있는지를 살펴보시길 바랍니다.

신토불이 우리 천일염을 볶아서 알맞게 드세요. 건강에 그만입니다. 모두 건강하세요.

한국건강연대 발행인 : 이지은 | 건강편지 담당 : 강기남 | 2005. 10. 22
Copyright (c) Daum Communications. All rights reserved.
건강관련 연구단체 범국민상설협의체 한국건강연대
(www. heal thnet. or. kr)

소금의 파동수치

	정제염 공장 소금	자연염(천일염)		氣, 파동처리, 금분소금(죽염 등) (본 연구소에서 처리)		
	중국산	자연염	해조염	M-염	G-염	금분(金粉)염
면역파동	1	5	8	16	17	19
스트레스	0	4	10	17	17	20
억울한 감정	0	5	7	17	15	18
살균효과	20	–	–	–	–	–
고혈압	−3	2	4	12	13	14
신장, 콩팥	−3	1	3	11	12	12
	꽃소금 백소금	일반 천일염	해초혼합	파동 장비를 통과한 소금	특수한 기(氣)를 입력한 소금	식용화한 금가루를 혼합한 소금

+ 파동 수치가 높으면 높을수록 몸에 이롭다

오행상 금의 기운은 가을 기운에 해당하고 서쪽 방위다(황금염은 음 체질에 좋고, 백금염은 양 체질에 좋다).

다음 표는 각 체질별 체중 증가 요인을 제공하는 먹을거리이다. 유의하면서 좋은 소금을 적절하게 섭취해야 한다.

혈액형에 따른 체중 증가 원인과 부작용

혈액형	주 의	체중 증가 촉진 음식 및 부작용
A형	소화기 장애와 관련된 질병 유의	• 육류 – 소화가 잘 안 되는 육류는 지방으로 축적되어 소화관 내의 독소를 증식시키는 부작용을 유발한다. • 유제품 – 적절한 영양 대사를 막고 점액분비를 증가시킨다. • 강낭콩 – 대사의 속도를 늦추고 소화효소의 작용을 방해한다. • 밀(다량) – 인슐린의 효능을 방해하고, 칼로리 소모를 감소시켜 비만의 원인이 되며 셀리악병을 일으킬 수도 있다.
B형	이색적인 면역계 질환에 걸릴 확률이 높다	• 옥수수 – 신진대사 속도를 늦추고 인슐린을 방해하며, 저혈당증을 초래한다. • 땅콩 – 간 기능을 저해하고 신진대사를 방해하며 저혈당증을 초래한다. • 참깨 – 신진대사를 방해하고, 저혈당증을 초래한다. • 밀가루 음식 – 소화 작용과 신진대사를 늦춘다. 인슐린 효능을 방해한다. 음식을 연소해서 지방으로 축적되게 한다.
O형	열성 식품의 과다섭취는 여러 가지 질병을 부른다	• 밀, 글루텐 – 대사 속도를 늦추고, 인슐린 효능을 방해한다. • 옥수수 – 인슐린 효능을 방해하고, 비만의 원인이 된다. • 강낭콩류 – 콩 속에 함유된 렉틴 성분은 근육 조직에 침전해 대사를 방해한다. • 양배추, 겨자 잎 – 갑상선 분비를 혼란시킨다.
AB형	생물학적인 복합 체질로 복합적인 질병에 유의	• 육류 – 소화가 잘 안되며, 독소를 증식시켜 지방을 축적한다. • 씨앗류, 메밀, 옥수수, 밀, 강낭콩 – 인슐린 효능을 방해하고, 물 질 대사를 떨어뜨리며 저혈당증을 초래한다.

4

혈액형을 알면
건강이 보인다

혈액형은 왜 사람마다 다른가?

응집반응은 1900년 K.란트슈타이너에 의해 발견된 것으로 혈구의 덩어리가 생기는 현상을 말한다. 응집반응은 사람의 혈구에 있는 항원 A와 B가 혈청에서 이들과 대응하는 항체 항A와 B 때문에 일어나는 반응으로 혈액형이 다른 사람에게서 수혈을 받으면 위험한 이유가 여기에 있다.

19세기 말 피를 수혈하면서 어떤 사람의 혈액에 다른 사람의 혈액이 혼합되면 혈구 덩어리가 만들어진다는 것이 발견됐다. 처음에 이 현상은 류머티즘이나 결핵 등의 특정 질병과 관련이 있는 것으로 알려졌으나 후에 질병과는 무관하며 건강한 사람에게서도 나타나는 현상이라는 것이 K. 란트슈타이너에 의해 세상에 알려지게 되었다. 혈액형을 과학적으로 분류한 K. 란트슈타이너의 업적은 후세에 길이 남을 일이다. 그리고 이것은 체질학 연구가들이 4가지의 혈액형과 4가지의 체질을 연관지어 관찰하는 바탕이 되었다.

서양과학을 신봉하지 않았던 동양 의학자들도 이제는 혈액형과 체질을 관련지어 연구 결과를 속속 발표하고 있는 실정이다. 사람의 체질을 분류하는 방법 중 매우 중요한 혈액형별 분류법은 인간의 신체를 동·식물을 비롯한 모든 생물체와 같은 범주에 놓고 생물체가 지닌 특징을 다룬 것이다. 그 특징은 체질과 기질로 표현된다.

사람의

ABO 혈액형은 9번 염색체의 ABO 유전자에 의해 결정된다. 자신의 혈액 속 적혈구에 부착된 항원(A항원, B항원)의 종류에 의해 나뉘는 것이다. 적혈구에 A항원만이 존재하는 경우는 A형, B항원만이 존재하는 경우는 B형, 둘 다 존재하는 경우는 AB형, 둘 다 없는 경우가 O형이다. 또한 혈액 속에는 자신이 갖고 있지 않은 항원에 대한 항체를 갖고 있는데 A형인 사람은 항B항체를 B형은 항A항체, O형은 항A항체와 항B항체 모두를 가지며 AB형은 항체를 갖고 있지 않다.

이러한 사실에 기초해 사람의 적혈구를 검사하는 혈구 혈액형 분석과 사람의 혈청을 검사하는 혈청 혈액형 검사를 동시에 시행해 사람의 ABO식 혈액형 분류법이 형성된다. 일본의 혈액형 연구의 권위자인 노미마사히코 씨의 연구 보고에 따르면 혈액형은 특별한 물질이라기보다는 단백질과 당류(糖類)가 뒤섞인 고분자 물질로 일종의 고분자 유기 화합물이라고 정의하고 있다.

각각의 혈액형 항원이 나타나는 양상에 따라 A형과 B형은 각각 여러 개의 아형으로(예를 들면 A1, Aint, A2, A3, Am, Ax, Ael형) 구분되기도 한다.

각 나라에 분포한 인종별 ABO식 혈액형의 빈도를 살펴보면 한국인은 A형이 34%로 가장 많고, O형이 28%, B형이 27%, AB형이 11%를 차지한다. 미국 백인의 경우 O형이 45%로 가장 많고, A형이 42%, B형 10%, AB형이 3%로 인종마다 혈액형의 빈도는 차이가 난다.

혈액형의 유전 원리

사람의 혈액형이 약 4가지라고 해서 각각 서로 다른 종류의 4가지 형태의 혈액이 있는 것은 아니다. 인간은 누구나 A항체와 B항체를 공통으로 가지고 있다는 것에서부터 그 원리가 시작된다. 혈액 자체는 물질이고, 혈액형은 파동이며 체질로 구분된다.

피는 우리 눈으로 확인이 가능한 물질이다. 그러나 혈액형이라는 것은 모든 인간과 생물체가 가지고 있는 A형과 B형 두 종류의 항체가 어떤 비율로 섞여 있는가에 따른 혈액응고 반응이며, 이것은 체질 연구가들이 체질을 파악하는 결정적인 역할을 하고 기질을 다루는 핵심 요소로 작용한다.

혈액형은 멘델의 법칙에 따라 부모에게서 유전된다. 사람의 몸은 각 세포의 핵 속에 46개의 염색체(chromosome)를 가지고 있다. 23쌍의 염색체의 각 쌍(pair)의 하나는 아버지로부터 또 다른 하나는 어머니로부터 물려받는 것으로 밝혀졌다.

ABO식 분류법의 혈액형에는 세 가지 대립 유전자(나팔꽃 빛깔의 붉은

색과 흰색, 초파리 날개의 정상 모양과 흔적날개는 쌍이 되는 형질이라 생각되어 대립형질이라 하며 이에 대한 유전자를 말한다)가 있다고 한다. 즉 A, B, O이다. 이들 유전자는 양쪽 부모에게서 물려받는 것으로 AA, AO, BB, BO, OO, AB와 같이 쌍으로 유전자형(genotype)을 표기한다.

AB유전자의 예를 들면 한쪽 부모로부터 A유전자를 다른 쪽 부모로부터 B유전자를 물려받아 복합적이고 실제로 표현형(phenotype)은 A항원도 있고, B항원도 있다는 AB형이 된다는 얘기다. 이 유전자들은 각각 독립적으로 표현된다.

AO유전자의 경우는 A항원만 표현되어 A형으로 불려진다. O유전자는 실제로 A항원이나 B항원을 표현할 수 없기 때문이다. 예를 들어 A형과 B형 부모에서 나올 수 있는 자녀의 혈액형을 알아보자. A형의 유전자는 AA 또는 AO이다. 그리고 B형의 유전자는 BB 또는 BO이다.

부모의 유전자형을 정확히 알 수 없기 때문에 다음 4가지 조합의 경우를 모두 고려해야 한다.

1. AA x BB 2. AA x BO 3. AO x BB 4. AO x BO

이중에서 AO x BO의 경우를 그림으로 설명하면 다음과 같다.

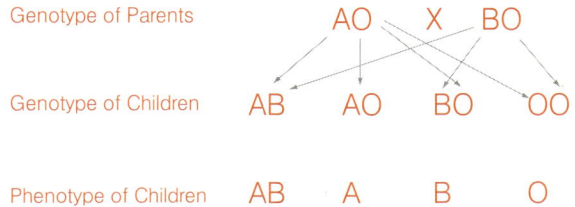

나의 혈액형 바로 알기

대부분의 사람들이 자신의 혈액형을 잘 알고 있지만 일부의 사람들은 혈액형을 잘못 알고 있는 경우가 있다. 혈액형을 잘못 알고 있을 경우 수혈을 받아야 할 때 자칫 위험에 처할 수 있다. 또한 헬스 힐링으로 건강을 유지하기 위해서는 자신의 혈액형뿐만 아니라 부모의 혈액형도 정확히 알아야 혈액형에 따른 체질 분석이 가능하다.

다음의 표는 부모의 혈액형에 따라 유전될 수 있는 자녀의 혈액형이다. 그러나 다음과 같은 이유로 기존에 알고 있던 자신의 혈액형과 차이가 있을 수 있다. 이럴 때는 자신의 혈액형에 대한 정밀 검사가 필요하다.

1. 자신의 혈액형을 잘못 알고 있는 경우
2. 약하게 표현된 혈액형 weak A 또는 weak B는 O형으로 판정될 수 있다. 또 AB형의 B형이 약하게 표현되면 A형으로 판정될 수 있다.
3. Cis-AB형일 경우 AB형과 O형 사이에서 AB형 또는 O형이 나올 수 있고, AB형과 A형사이에서 AB형, A형 또는 O형이 나올 수 있다.

혈액형	유전자형	가능한 유전자형	가능한 혈액형 (괄호 안은 수학적 확률)
A x A	AO x AO	AA, AO, AO, OO	A형(75%), O형(25%)
	AO x AA	AA, AA, AO, AO	A형(100%)
	AA x AA	AA, AA, AA, AA	A형(100%)
A x B	AO x BO	AB, AO, BO, OO	AB형, A형, B형, O형(각각 25%씩)
	AA x BO	AB, AO, AB, AO	A형(50%), AB형(50%)
	AO x BB	AB, AB, BO, BO	B형(50%), AB형(50%)
	AA x BB	AB, AB, AB, AB	AB형(100%)
A x AB	AO x AB	AA, AB, AO, BO	A형(50%), B형(25%), AB형(25%)
	AA x AB	AA, AB, AA, AB	A형(50%), AB형(50%)
B x B	BO x BO	BB, BO, BO, OO	B형(75%), O형(25%)
	BO x BB	BB, BB, BO, BO	B형(100%)
	BB x BB	BB, BB, BB, BB	B형(100%)
B x AB	BO x AB	AB, BB, AO, BO	AB형(25%), A형(25%), B형(50%)
	BB x AB	AB, BB, AB, BB	B형(50%), AB형(50%)
O x O	OO x OO	OO, OO, OO, OO	O형(100%)
O x A	OO x AO	AO, OO, AO, OO	O형(50%), A형(50%)
	OO x AA	AO, AO, AO, AO	A형(100%)
O x B	OO x BO	BO, OO, BO, OO	O형(50%), B형(50%)
	OO x BB	BO, BO, BO, BO	B형(100%)
O x AB	OO x AB	AO, BO, AO, BO	A형(50%), B형(50%)
A x is-AB	AA x AB/O	A/AB, AO, A/AB, AO	AB*형(50%), A형(50%)
	AO x AB/O	A/AB, AO, O/AB, OO	AB*형, A형, cis-AB형, O형 (각각 25%)
B x cis-AB	BB x AB/O	B/AB, BO, B/AB, BO	AB*형(50%), B형(50%)
	BO x AB/O	B/AB, BO, O/AB, OO	AB*형, B형, cis-AB형, O형 (각각 25%)
O x cis-AB	OO x AB/O	O/AB, OO, O/AB, OO	cis-AB형(50%), O형(50%)

| 출처 : 혈액은행 |

Weak A 또는 Weak B형

적혈구에는 A형 또는 B형 항원(antigen ; 생체에 투여되면 혈청 속에 항체를 형성하는 단백성 물질)이 약 100만 개 정도 있는데 이보다 항원수가 적은 적혈구를 갖는 사람도 있다. 항원수가 적은 적혈구를 갖는 사람들은 혈액형 항원이 약하게 표현되므로 Weak A 또는 Weak B 라고 명명되었다.

Weak A형에는 A2, A3, Am, Ax, Ael 등이 있고, Weak B형에는 B3, Bm, Bx 등이 있다. Weak A 또는 Weak B보다 더 약한 A형 또는 B형은 O형으로 판정될 수 있으며, 혈액형 정밀 검사를 받아 봐야 정확한 혈액형을 알 수 있다. 그러나 이렇게 희귀한 혈액형을 가졌다고 해서 걱정할 필요는 없어 보인다.

Cis-AB형

AB형 중에는 희귀한 혈액형 중 하나인 Cis-AB형이 있다. 원래 A형 또는 B형 유전자는 따로 따로 각각 한쪽 염색체(chromosome)에 위치하는데 Cis-AB 유전자는 한쪽 염색체에 A형과 B형 유전자가 몰려있다(Cis는 같은 쪽에 있다는 뜻이다). 그래서 A형과 B형 유전자가 통째로 유전된다. Cis-AB형인 사람과 O형 사이에서는 AB형 또는 O형이 생길 수 있다. 그리고 Cis-AB형인 사람과 유전자형이 A/O인 A형 사이에서는 AB형, A형 또는 O형이 나올 수 있다. 그래서 가족 간에 혈액형으로 인한 오해가 생길 수도 있다.

Cis-AB형은 Weak A와 Weak B로 이루어진 경우가 많다. 예를 들어 A2B3라는 혈액형은 A형보다 B형이 더 약하게 표현되어 일반 혈액형 검사 시 A형으로 판정될 수 있다. 이것 또한 가족 간에 혈액형으로 인한 오해를 낳을 수 있다. Cis-AB형은 우리나라의 전라남도 지역과 일본의 큐슈 지역에서 주로 발견되고 있다. 혈액형이 Cis-AB라고 해도 걱정할 필요는 없다.

이 혈액형 역시 다양한 혈액형의 하나이며, 수혈이 필요할 때 대개 O형의 혈액을 수혈받으면 무난하다. A2B3인 사람은 anti-B를 가지고 있으며, O형 또는 A형 혈액을 수혈받을 수 있다.

체질 진단 방법

체질을 알기 위해서는 자신의 혈액형을 정확히 알아야 하는데, 의외로 많은 사람들이 자신의 혈액형을 잘못 알고 있는 경우가 있다. 혈액형을 정확하게 진단하기 위해서는 성장 과정에서 한 번 더 체크해 볼 필요가 있다. 자신의 체질을 진단하는 방법은 다음과 같다.

1. 먼저 본인의 혈액형을 정확히 알아낸다.

↓

2. 음력으로 본인이 태어난 계절(節氣)을 정확하게 알아본다.

↓

3. 4가지의 체질과 본인의 혈액형을 조합한다.

↓

4. 부모님의 정확한 혈액형을 알면 O링 테스트나 진맥(전문가가 아닐 경우 객관성에 문제가 있다)전문가에게 의뢰하지 않고도 자신의 체질을 정확히 알 수 있다.

- 왕성과 허약은 과부화와 부실이라는 뜻이므로 해당 장기의 질병을 조심하라는 뜻으로 인식하면 된다.
- 목·화 체질은 절기의 대 원칙에 의해 산소(酸素) 부족증에 의한 병이 올 수 있으며 금·수 체질은 절기의 대 원칙에 의해 피의 부족, 혈허(血虛)증으로 인한 질병을 조심해야 한다.

128P의 도표는 자신의 체질에 해당하는 오행(五行), 오장(五臟), 오미(五味), 오색(五色), 오체(五體), 오관(五觀), 오정(五情)을 조절하는데 도움이 될 것이다.

각 체질

마다 취약한 부위와 취약한 시간, 취약한 맛, 끌리는 색 등의 특징이 있다. 한 예로 끌리는 색이 청색이라고 해서 지나치게 그 색깔의 음식이나 옷, 가구 등을 고집하면 편중되고 편집적인 질병과 라이프 스타일로 가기 쉬우므로 두한족열(頭寒足熱)의 원리를 지켜 골고루 적절히 사용하는 것이 좋다.

A형 목 체질이 청색이 끌린다고 해서 푸른 생 녹즙을 과다하게 복용하면 독성이 오히려 해로운 쪽으로 작용한다. 또 O형 화 체질이 홍색을 너무 가까이 하거나 그런 음식물을 과다하게 섭취하거나 스트레스, 화기(火氣) 등은 돌연사(突然死)를 부추긴다.

주의 : 동지~춘분까지가 목 체질인데 춘분에서 하루만 넘어가도 화 체질의 사람이라는 것을 잊지 말아야 한다. 다른 체질 역시 마찬가지이며 앞뒤로 며칠 차이가 나지 않은 사람은 앞의 계절을 흡수한다. 뒤에 계절은 맞이하는 절기상의 문제로 그만큼 혼합된 확률이 높으므로 까다로운 체질임을 인식하고 주의를 기울여야 한다.

체 질	구 분	방 법
목(木)체질	음력 – 동지(冬至)~춘분(春分) 까지 출생 양력 – 11월 22일경~3월 22일경	간(肝), 담(膽)의 기능 왕성 폐(肺), 대장(大腸) 허약 • 사상체질학에서 위 체질은 소음인이라고 한다. • 유리한 방위(方位)–동쪽 • 끌리는 색–청색
화(火)체질	음력 – 춘분(春分)~하지(夏至) 까지 출생 양력 – 3월 22일경~6월 22일경	심장(心腸), 소장(小腸)기능 왕성 신장(腎臟), 방광(膀胱)허약 • 사상체질학에서 위 체질은 태양인이라고 한다. • 유리한 방위(方位)–남쪽 • 끌리는 색–홍색
금(金)체질	음력 – 하지(夏至)~추분(秋分) 까지 출생 양력 – 6월 22일경~9월 22일경	폐(肺), 대장(大腸)기능 왕성 간(肝), 담(膽)기능 허약 • 사상체질학에서 위 체질은 소양인이라고 한다. • 유리한 방위(方位)–서쪽 • 끌리는 색–흰색
수(水)체질	음력 – 추분(秋分)~동지(冬至) 까지 출생 양력 – 9월 22일경~11월 22일경	신장(腎臟), 방광(膀胱)기능 왕성 심장(心腸), 소장(小腸)기능 허약 • 사상체질학에서 위 체질은 태음인이라고 한다. • 유리한 방위(方位)–북쪽 • 끌리는 색–검은색

혈액형과 피에 관한 오해

혈액진단 검사의학자들은 "가족의 피라고 해서 안전하다는 의학적인 근거는 없으며 오히려 나쁠 수도 있다."
고 주장한다. 가장 좋은 혈액은 가족이 아닌 타인의 것이라 해도 검사를 통해 깨끗함이 입증된 혈액이라면 괜찮다는 것이다. 큰 병이 있는데도 가족 간에 이를 숨기면 가족의 피가 오히려 더 위험할 수 있다는 얘기다. 일례로 에이즈 환자가 가족과 이웃에게 그러한 사실을 숨겼을 경우를 들 수 있다.

실제로 미국을 비롯한 의료 선진국에서는 가족 수혈을 권하지 않는다고 한다. 혈액학자들은 부부간의 수혈 역시 의학적으로 좋지 않다고 말한다.

임신 중 남편에게서 수혈을 받았다면 문제는 더 심각해진다. 태아는 엄마와 아빠 모두에게서 유전자를 물려받기 때문에 아버지로부터 유래한 항원을 가진 적혈구를 갖고 있다. 그런데 아빠의 혈액이 수혈되면 엄마의 혈액에 있는 항체가 태아의 항원을 공격하게 되는 현상이 벌어져 태아의 적혈구를 파괴하는 신생아 용혈성 질환을 일으킨다는 것이다.

적혈구증다증

적혈구증다증은 출혈 또는 피 부족을 체험 했던 조혈 모세포가 하루 1% 생산하고 1% 사망하는 규칙을 어기고 비정상적으로 피의 생산량을 늘려 지나치게 피를 많이 만들어 냈을 때 발생하는 혈액 장애이다. 체내에 일정 수준이 넘으면 혈액 순환 장애가 발생한다. 이때 체내의 피를 빼내는 치료를 하게 되는데 그 부작용이 우려된다.

백혈병 역시 백혈구가 지나치게 많이 만들어져 발생하는 혈액 장애이다. 백혈구가 너무 많아지면 정상 혈액세포의 생성과 성장을 방해한다. 빈혈은 적혈구 부족으로 인해 생기는 대표적인 혈액 장애로 산소공급이 원활하지 못해 쉽게 숨이 차고, 심장이 빨리 뛰며 기운이 없어진다. 또 스스로 만들어낸 자가항체가 적혈구를 죽이기도 하는데 이런 경우 자신의 혈액뿐만 아니라 다른 사람의 혈액도 파괴하기 때문에 수혈보다는 자가항체 수를 줄이는 치료를 받아야 한다. 철분 제제를 복용하면 낫는다고 하지만 총체적인 건강관리가 되지 않으면 그 역시 효과는 요원하다. 골수 이상이 원인이라면 항암치료와 골수이식을 받는 것이 현대의학에서 최선의 방법이다. 혈우병은 혈액응고를 담당하는 제8인자가 만들어지지 않아 생기는 병으로 상처가 생겼을 경우 피가 제대로 굳지 않아 사망하게 되는 난치병이다.

이처럼 혈액은 넘쳐도 혹은 부족해도 병을 일으키기 때문에 적당한 양의 피와 적절한 체질관리로 피를 맑게 해주는 일이 오염된 시대를 건강하게 살기 위한 절체절명의 과제이다.

언제부턴가 건강을 위한답시고 짐승의 피를 마시는 사람들이 있다. 갓 잡아 죽인 산돼지나 노루, 사슴의 피를 받아 마시는 것이다. 모든 동물은 죽은 이후에도 의식의 주파수가 남아 있고, 죽은 동물의 피는 짧은 시간에도 각종 세균이 난무하는 온실이 된다. 그런 피를 먹는 것은 오히려 건강을 해치는 행위가 될 수 있다.

피를 마시는 행위는 고대 그리스 로마의 귀족들이 회춘을 위해 혈기 왕성한 젊은 투사의 피를 마셨다는 기록이 있을 만큼 그 역사가 길다. 우리나라에서는 1970년대 재벌가와 부유층의 노인들이 회춘할 수 있다는 기대감에 젊은 사람의 피를 수혈 받았다는 소문이 항간에 떠돌기도 했다.

그런가 하면 김일성 생존 당시 그가 20~30대의 젊은 피를 다량 수혈 받았다는 소문이 한국 김일성 장수 연구소의 한 연구원의 발표로 진실임이 밝혀졌다. 그러나 피를 수혈한 후 김일성의 혹은 더 크게 자라났고, 몇 년 후 그는 결국 사망했다.

산삼이 맞지 않았던 체질의 김일성을 위해 어느 원예가는 김일성 약 꽃을 만들어 키웠는데 산삼 가루로 만든 비료나 산삼 엑기스를 김일성 꽃에 뿌려 산삼의 향기를 취했다고 한다. 또 음악 소리가 나는 만년필로 기록하는 등 파동요법의 핵심을 향유했다고 한다. 주은래, 모택동의 주치의를 초빙해 단백질 먹은 사과를 창안하기도 했으며, 비싼 보약을 먹인 송아지를 키우게도 했다고 한다.

김일성을 위해 약 100명의 임상 대상자가 많은 연구비를 받으며 호사스런 대우를 받았고, 의대생들은 개학 때가 되면 약 30kg 이상의 다양한 약초를 학교에 내야하는 부담을 안고 연구에 매진한다고 한다.

김일성이 자신을 대상으로 했던 그 실험은 인간의 허황된 욕망이었다. 자신의 피를 더욱 건강하고 맑게 만들고 싶다면 화·금 체질의 사람은 미역국을 즐겨 먹는 게 좋다.

웰빙 시대를 맞아 피를 맑게 하는 다양한 방법들이 소개되고 유행하고 있다. 그러나 이것들을 무조건 따라 할 것이 아니라 자신의 체질에 맞는 음식을 골고루 취하고, 적당한 운동과 휴식을 겸하는 것이 피를 맑게 하는 가장 좋은 방법이다. 동물성 기름이 지나치게 많은 음식은 혈액 속의 오염 지방질 농도인 LDL의 수치를 높이므로 피하는 것이 좋다.

인종별 ABO 혈액형의 빈도

인종별 ABO 혈액형의 빈도(%)를 보면 다음과 같다.

각 나라별 혈액형 비율

	O형	A형	B형	AB형
한국인	28	34.5	27	10.5
일본인	30.7	38.1	21.8	9.4
독일	38	42	14	6
중국인	26	27	35	12
중국인(북경지역)	29	27	32	13
영국인	46	43	8	3
프랑스인	43	47	7	3

	O형	A형	B형	AB형
이탈리아인	46	42	11	3
헝가리 집시	29	27	35	10
러시아인	33	36	23	8
미국 백인	45	42	10	3
미국 흑인	49	29	18	4
알라스카 에스키모	38	44	13	5
그린랜드 에스키모	54	39	5	2
나바호 인디언	73	27	0	0
페루 인디언	100	0	0	0
마야인	98	1	1	1

| 출처 : 영국 옥스퍼드 대학교 |

세계 혈액형 분포는 O형이 62%로 가장 많고, A형 21%, B형 16%, AB형 1%이다. 국내 전체 인구의 혈액형별 분포도를 살펴보면 A형이 34.5%로 가장 많고, O형 28%, B형 27%, AB형이 10.5%를 차지하고 있다.

특이한 것은 페루 인디언은 100%가 O형이며, 마야인은 87%, 나바호 인디언은 73%로 O형인 사람들이 많으나 한국인과 일본인, 독일인, 중국인, 프랑스인, 러시아인, 영국인, 알라스카 에스키모 인은 A형이 많은 편이다.

5

A형의 기본적인

체질과 기질

A형의 기본적인 체질과 기질

1944년 태평양 전쟁은 미국이 괌 섬을 탈환하면서 미국의 승리로 끝났다. 그러나 전쟁이 끝난 줄도 모르고 28년 동안 동굴에 숨어 살았던 일본군 요꼬이 쑈이찌가 1972년 사람들에게 발견돼 전 세계를 놀라게 한 사건이 있다.

물론 그가 발견된 괌의 기후는 1년 내내 춥지 않고 열매와 과일이 풍부해 생존에는 큰 문제가 없다. 그렇다고 해도 어떻게 그렇게 긴 시간 동안 전쟁이 끝났다는 사실을 모를 수 있었는가에 대한 의문은 남는다.

그의 말에 따르면 훈련병들의 소리와 비행기가 오르내리는 것을 보며 '전쟁이 아직 끝나지 않았구나'라고 생각했다고 한다. 그의 이야기와 상황을 종합적으로 고려해볼 때 완고함과 순수성, 자신의 틀에 갇혀 사라지는 융통성, 외로움을 잘 참고 견디는 A형 기질의 특성이 그대로 드러났다고 볼 수 있다. 요꼬이가 보낸 28년의 세월이 우리에게 시사하는 것은 무엇일까? 그것은 사람이 지닌 기질과 본성은 어쩔 수 없다는 사실이다.

일본인은 주변을 의식하고 규범과 논리를 발달시켜 개인보다는 나라(일본인 특유의 애국심), 속해있는 단체, 가정을 우선으로 생각하는 등 사회성이 가장 잘 발달한 꼼꼼한 완전주의의·완벽주의 기질을 갖고 있다. 그래서 일본은 A형에 가장 유사한 나라로 인식된다. 실제로 내가 직접 교류하며 겪은 바 있는 일본인들만 해도 소속된 조직에서 따돌림 당하는 것을 가장 두려워하고, 한번 선택한 직업은 영원한 직업으로 여겨 가장 낮은 이직률을 보인다는 점 등에서 유태인과 더불어 세계에 손꼽힌다.

그러나 같은 A형이라도 부모에게서 받은 유전자가 O형 성향을 띄는 체질이라면 외향적인 체질과 내향적인 체질의 이중성을 보이기도 하고, 상식적으로는 이해가 잘 되지 않는 면을 드러내기도 한다. A형의 단점으로는 자신의 기분이나 감정, 욕망을 표출하지 않고 외부로부터 오는 비난, 공격 등에 정면으로 부딪치기보다 피하는 방법을 먼저 생각하고 억제하는 행위의 정도가 심화될 소지가 높아 칩거생활을 가장 즐기는 유형이다.

어떠한 일에 정면으로 부딪치면 의외로 간단하게 답을 얻을 수 있고, 시간과 스트레스를 줄일 수도 있다. 그럼에도 불구하고 모든 걱정을 혼자 삭히려들면 그것에서 오는 질병을 추스르기가 힘들어지므로 적당한 취미나 건전한 방법으로 스트레스를 날려 보낼 수 있는 지혜를 발휘해야 할 것이다.

A형의 식생활 기본 패턴

내면의 세계가 반영된 분위기의 식사를 선호한다. 요리가 취미인 사람이나 유명 요리사들 중에는 A형의 혈액형을 가진 사람이 많다. 지저분한 식당, 시끌시끌한 회식 자리는 위장 기능이 섬세한 A형에게 큰 스트레스가 된다. 멋진 분위기로 식욕을 돋우거나 사랑하는 사람과의 식사를 좋아한다. 그러나 혼자 있을 때는 의외로 격식을 따지지 않는다. 자칫 식생활의 균형을 깨트릴 수 있으므로 혼자일 때 다음 장에서 제시하는 맞춤 체질식을 하는 것이 건강을 지키는 포인트다.

A형에게 해당하는 음식을 나열해 놓았지만 반드시 A형 모두에게 꼭 맞는 것은 아니다. 비만한 A형과 마른 A형은 그 유형에 따라 라이프스타일이 다르기 때문이다. 표를 참고하되 왜곡됨이 심한 사람인지 아닌지를 분명히 따져 어느 유형에 속하는지를 참고하면 된다.

• 모든 체질의 식품은 장기간의 냉장보관은 피할수록 좋다.

A형에게 이로운 음식 · 해로운 음식

	체질	이로운 음식	해로운 음식	보통
어패류	수 · 목 체질	연어(수 · 목 체질) 달팽이(화 · 금 체질)	멸치, 상어, 메기	대구, 빙어 고등어, 정어리
육 류		옻닭(수 · 목) 닭다리(수 · 목) 닭날개(화 · 금)	오리(거위)고기, 양고기, 쇠고기, 꿩, 토끼 고기, 돼지고기, 사슴고기, 베 이컨, 햄, 소시지	닭고기(토종)인 삼과 근채류, 현미홍색 찹쌀 을 넣은 요리
콩, 씨앗 견과류	수 · 목 체질	호박씨, 땅콩, 밤, 아몬드,		
	화 · 금 체질	얼룩 강낭콩, 동부, 호두, 해바라기씨,		브라질넛 카슈넛 피스타치오 흰강낭콩
채소류		송이버섯, 부추, 양파, 마늘, 근대, 당근, 순무, 달래, 들깻잎, 민들레(뿌 리), 비트(뿌리), 솜엉겅 퀴, 연근, 도라지, 콩나 물, 김(착색제가 염려 됨), 강황(카레)		배추, 상추, 가지, 흰 (붉은)양배추, 고구마, 토마토
곡 류		무농약 현미 멥쌀, 홍색 현미 찹쌀, 발아미		통밀 빵, 고단백 잡곡 빵류, 밀가루 음식으로 만든 국 수(스피게티), 부 침 종류
기 름, 유제품		두유, 들깨기름 올리브유, 아미인유	옥수수 기름, 모든 아 이스크림, 모든 치즈, 버터 우유로 만든 것 들, 참기름, 홍화유, 면실유, 땅콩기름	염소젖, 과일 요쿠 르트, 파머치즈, 저지방 모짜렐라 치즈
과일류		무화과, 붉은 자두, 레 몬, 살구, 버찌, A형 화 · 금 체질, 블루베리, 그레이프 푸르츠, 검고 푸른 자두, 파인애플	바나나, 코코넛, 파파 야, 오렌지,레몬, 귤, 멜론류(껍질이 두꺼운 과일류는 냉성이다)	사과, 석류, 구아 바, 키위, 복숭아, 딸기, 포도류, 야 자열매

- 등 푸른 생선(냉성)은 제외해야 한다(찌거나 삶아서 섭취).
- A형 체질은 음성체질에 속하므로 (생선회는 대부분 냉성이기 때문에) 극음화에 한몫한다.
- A형은 폐기능이 약한 사람이 많기 때문에 그것을 부추기는 냉한 요리는 호흡기 계통의 병을 일으키고, 건선피부염을 일으키며 피부의 탄력을 잃게 하고 설사나 두드러기를 일으키기도 한다. 음성체질에 냉함을 더하는 식품과 요리는 독이 된다.
- 회(날것) 보다는 굽거나 삶아서 섭취하는 것이 바람직하다.
- 밀가루 음식을 자주 섭취하면 대사 속도를 늦춰 소화 흡수율이 약한 A형의 인슐린 효능을 방해하고, 칼로리 소모를 감소시켜 비만의 원인이 된다.

옻닭 - 옻은 강한 열을 가지고 있다. 닭 또한 열성이다. 소화기가 약하고, 찬 A형에게 옻닭은 약이 된다. 노화방지에 좋다고 알려진 항산화 성분인 플라보노이드, 셀퍼레틴이 들어있고, 오핵단의 재료로도 쓰였다. 평상시에 옻 엑기스를 지니고 다니면서 외식 후 약간씩 음용하면 체한 것이 오래되어 큰 병이 될 수 있는 폐단을 예방할 수 있다(주의 할 것은 금 · 화체질은 옻닭을 먹고 혈관주사를 맞지 않아야 한다. 냉성을 부추겨 소화기의 무력함과 소화관의 독소를 증식시켜, 가공된 육류 제품에 들어있는 아질산염은 위산 분비가 적은 A형에게 위암을 부추긴다).

- A형에게 육류(가금류 포함)는 득보다 실이 더 많은 음식이다. 단, 비타민 D가 부족한 A형은 쉽게 건선에 걸릴 수 있다. 이때는 토종닭에 현미 찹쌀 약간과 뿌리 야채류를 넣고 요리해서 먹으면 예방과 치료에 도움이 된다. 햇빛을 1~2 시간 쏘이는 것이 큰 도움이 된다.

A형 체질에게 좋은 약선 요리

더덕, 총각 물김치

A형에게 잘 맞는 총각무(알타리)와 더운 기운의 더덕은 체온을 유지시켜주고 음(陰) 기운이 강한 수·목 체질에게 더 없는 약용 물김치다.

〈담는 방법〉

1. 알타리 무와 더덕은 잘 씻어 알칼리소금(불순물이 제거된 천일염)에 2~3시간 절 여 둔다.
2. 현미 찹쌀의 더운 기운을 위해 찹쌀 풀(무농약 현미)을 약간 쑤어 둔다.
3. 적당히 간이 밴 알타리 무는 먹기 좋게 썰어 둔다.
4. 유약을 바르지 않은 항아리에 알타리 무와 더덕을 채워 찹쌀 풀물을 만들어 붓고 익힌다.

뚱뚱하고 냉한 A형 체질에게 좋은 약선 요리

우엉, 순무 김치

• 주의-위의 체질이 신맛(신 김치)을 즐기면 신맛의 강한 흡수력 때문에 더욱 비만해 진다.

〈담는 방법〉

1. 순무를 다듬어 얇고 어슷하게 썰어 천일염으로 간을 해둔다.
2. 우엉을 다듬어 적당한 크기로 썰어 절인다.
3. 약간의 찹쌀 풀(무농약 현미)에 고춧가루, 생강, 마늘을 섞어 양념을 만든다.
4. 적당히 간이 밴 순무와 우엉을 준비된 양념으로 버무린다.
5. 유약을 바르지 않은 항아리에 담아 서서히 익힌다.

A형 체질에게 좋은 약선 요리

연근, 버섯, 현미 찹쌀 비빔밥

재료 : 연근 30g, 송이버섯 2뿌리, 콩나물 약간, 현미 홍색 찹쌀 1컵, 현미 녹색 멥쌀 1
컵, 대두 2큰술, 고추기름 약간

〈만드는 방법〉
1. 껍질 벗긴 청태 약간은 밥하기 5~6시간 전에 소금물에 씻어 깨끗한 물에 담가두었다
가 물기를 뺀다(소금은 천일염이나 알칼리 소금으로 반드시 국산 소금을 사용한다).
2. 연근은 껍질을 벗기고 깨끗이 씻어 물기를 빼고 콩알 크기로 썰어둔다.
3. 콩나물은 잘 씻어 살짝(5분 정도)만 익힌다(오래 익히면 질겨진다).
4. 현미 찹쌀, 현미 멥쌀을 같은 비율로 소금물에 씻어 솥에 안친다.
5. 준비한 재료를 모두 넣고 적당 양의 밥물을 부어 밥을 짓는다.

• 위의 약선 요리는 폐기능이 약한 A형에게 보약 역할을 하며 고추기름
을 살짝 떨어뜨린 비빔밥은 뚱뚱하고 냉한 A형에게 다이어트식으로
위장의 활력을 주는 밥이다. 일주일에 한 번 정도 해먹는 것이 좋다.
• 부식으로 근대를 넣은 매콤한 된장찌개도 좋으나 물기가 적은 음식이
A형에게 이롭다.

A형이 명품체질이 되려면 자신이 수·목 극음 체질인지 금·화 온음 체질인지를 알아야 한다.

암이나 당뇨병 등 난치성 질환에 걸린 A형에게 치료제 역할을 하면서 보
약이 되는 음식이 있다. 그러나 A형이라 해도 극음·온음에 따라 음식 처
방과 약 처방이 달라야 부작용을 막을 수 있다.

내가 임신 3개월이었을 때 몸이 차고 툭하면 설사와 콧물감기로 고생을 하면서도 약을 먹을 수 없어 친지의 약국에서 한약과 건강식품을 지어 먹은 일이 있다. 비싼 약제를 강조하면서 생색을 내는 친지의 말에 정성으로 약을 달여 먹었다. 변비를 수반한 임신 초기라는 말을 듣고 알로에와 함께 한약을 한 달 분량 처방 받아 보름 정도 먹었을 때였다. 어느 날 복통이 느껴지면서 피 섞인 설사를 하는가 싶더니 며칠 후, 소변에 피가 섞여 나오기 시작했다. 응급실에 실려가 처치를 받았지만 결국 아이는 유산되고 말았다. 그리고 후유증으로 몸은 점점 엉망이 되어 점차 악성 병약 체질이 되어 갔다.

신장결핵, 중이염, 위궤양, 비, 위장 약화, 만성간염 등의 수많은 병이 내 몸을 지배했다. 그리고 그 후에도 나는 4차례에 걸쳐 습관성 유산을 해야 했다. 몸과 마음이 상처를 입자 우울증이 찾아왔다. 잘못된 처방의 약이 나의 냉한 체질을 더욱 냉하게 만들었고, 냉한 성질의 알로에가 설사를 유도하면서 체질을 엉망으로 만드는 데 일조했던 것이다.

변비도 사람의 체질에 따라 원인과 치료법이 다르고 먹는 음식 또한 달라야 한다. O형의 화·금 체질이나 AB형의 화·금 체질에게 알로에는 약이 되고 효능을 발휘한다. 그러나 극음체질인 A형 수·목 체질과 B형 수·목 체질에게는 해가 되고 독이 된다는 것을 몰랐던 것이다. 우리가 어떠한 식품으로 자신의 건강을 지켜야 할지 꼼꼼히 살펴 음식을 취한다면 위급한 상태가 아니라면 자신의 건강을 지킬 수 있을 정도의 실력은 갖출 수 있다.

그 사건 이후 나는 자연스레 사람의 체질과 생노병사에 깊은 관심을 갖게 되었다. 그리고 1980년 난치성 혈액암이라는 선고를 받은 나는 살아남기 위해 실오라기라도 잡는 절실한 마음으로 암과의 싸움을 시작했다. 외과의사였던 시동생이 수술을 종용했지만 나는 두려웠다. 일은 실패하면 다시 시작해 언젠가는 이룰 수 있지만 건강은 망치면 목숨을 담보로 해야 했다. 그래서 나는 고민 끝에 '내 몸은 내가 고친다' 라는 각오와 '세상에 완벽하게 믿을 수 있는 의사(약사)는 없다' 는 말을 가슴에 새기고 석학들을 찾아다니며 자연치유의학을 공부하기 시작했다. 본격적으로 생명본질의학을 연구해 내 몸에 적용하고 응용해 치유의 기쁨을 맛보게 된 것이다. 그것을 시작으로 나는 학자로서 대체의학의 길로 들어서게 되었다.

나는 내 몸을 망친 약사에게 한 가지 약속을 받아냈다. 약 200문항의 질문에 고객들이 답한 설문조사 결과와 그들의 신상명세서를 내게 넘겨 달라는 것이었다. 그는 난감해 했지만 나에게 지은 죄 때문에 어쩔 수 없이 응할 수밖에 없었다. 각종 질병이나 음식에 관한 질문, 부모의 혈액형 등을 답한 그 설문조사 결과는 이 책의 가장 중요한 핵심자료와 바탕이 되었다. 어찌 보면 내가 만난 교만하고 무책임한 약사가 나의 진정한 스승이었는지도 모른다.

● A형 가(父 A형 ↔ 母 A형)

안토중천(安土重遷)형: 고향(부모 품)을 떠나기를 좋아하지 않는다.

음적인 A형 부친과 음적인 A형 모친의 체질을 타고났기 때문에 극음체질이다. 그러나 부친과 모친이 태어난 절기가 춘분에서 하지를 거쳐 추분 사이에 태어난 화·금 체질이고, 본인이 화 체질이나 금 체질에 속한다면 다소 따뜻한 기운은 있다. 그러나 전반적으로 음의 체질과 음의 기질을 가지고 있다.

태어난 계절이 추분에서 동지를 거쳐 추분 직전에 태어난(수 체질, 목 체질) 사람이라면 음에 음을 더한 극음에 속하는 체질이므로, 생활 방법이나 음식에 상당한 주의를 요한다. 이러한 사실을 모르거나 가볍게 생각하고 열대지방으로 여행을 가게 되면 영락없이 건강을 해쳐 돌아오게 된다.

A형과 어울리는 최상의 혈액형

A형에서 최상의 상대	B형에서 최상의 상대
父 AB형 + 母 O형 = O형	父 A형 + 母 AB형 = B형
父 O형 + 母 AB형	父 B형 + 母 AB형
父 AB형 + 母 AB형	父 AB형 + 母 A형

O형에서 최상의 상대	AB형에서 최상의 상대
父 B형 + 母 A형 = O형	父 A형 + 母 B형 = AB형
父 B형 + 母 O형	父 B형 + 母 A형
父 O형 + 母 A형	父 AB형 + 母 A형
父 O형 + 母 B형	

열대지방의 원산지 식물들 중 껍질이 두꺼운 과일류는 성질이(메커니즘) 몸을 차게 하는 냉성을 강하게 띠고 있다. 또한 열대지방의 건물은 24시간 냉방시설을 가동해 잠을 잘 때도 춥다. 냉한 몸, 냉한 음식, 냉한 잠자리에서 허니문 베이비가 들어섰다면 아이는 평생 병치레를 할 것이 불 보듯 뻔한 일이다. 그리고 이러한 사람의 경우 인삼차나 생강 우린 물을 항시 마셔야 한다.

같은 A형끼리는 서로의 마음을 읽어내는게 용이하지만 서로의 닮은 점 때문에 빨리 싫증이 날 수 있다. 정해진 일에는 협력이 되지만 다른 이유로 충돌하는 수가 있어 심화되면 화해하거나 결합하는 타이밍을 놓쳐버린다. 어떠한 보약보다 따뜻한 잠자리에서의 충분한 수면이 보약이다. A형에게 최상의 상대로 적합한 상대의 혈액형은 부모의 따뜻한 체질과 유전자를 물려받은 혈액형으로 그래야 음양의 조화를 이룰 수 있다.

A형과 어울리는 혈액형 가운데 B형의 경우 상처를 잘 받고 마음에 오래 담아두는 A형의 잠을 설치게 할 수 있고, 대기만성형의 A형에게 짜릿한 승리감을 맛보게 할 수도 있다. 최상이기 보다는 무방한 상대이다. 부모의 체질이 음양을 고루 갖추고 있고, 본인의 체질도 양적인 체질이기 때문에 음적으로 치우친 A형에게는 양적인 에너지를 제공해 사업이나 결혼에 있어 부창부수, 상부상조하는 짝이 된다. A형과 B형은 서로 단점을 보완해 줄 수 있는 돈독한 관계가 될 수 있다. 父A형+母A형, 父A형+母B형=O형은 A형과 매사에 동질감을 느낄 수 있는 O형으로 무난하다. 위의 유형들은 부모로부터 평화주의적인 A형의 체질과 기질을 물려받았기 때문에 A형과 별다른 충돌 없이 짝을 이룰 수가 있다.

父AB형 + 母AB형 = AB형은 카멜레온과 같은 삶의 방식과 지나친 두뇌 플레이로 A형에게 상처받아 망가진 체질을 자식에게 전할 수도 있다.

● A형 나(父 A형 ↔ 母 B형)

자창자화(自唱自話)형 : 자신의 노래에 스스로 화답하는 자기중심적 경향이 짙다.

일의 경중을 분별하는 능력을 키워야 한다. 무언가에 도취되어 끝까지 밀고 나가는 성질을 고치고, 남의 충고를 귀담아 듣는 겸허한 자세를 갖춘다면 내재된 카리스마와 신중함으로 주변과 조화를 이룰 수 있다.

부모가 음적인 체질이기 때문에 A형 가 유형과 별반 다를 바 없지만 부모의 출생이 더운 절기라면 극음의 체질은 면할 수 있고, 본인의 출생이 어느 절기냐에 따라 극음의 체질을 면할 수 있다.

A형 가, 나, 다 3가지 유형의 체질은 극음 체질에 속하므로 음식을 택할 때 면밀히 따져 섭취하는 습관을 길러 냉한 체질의 변화에서 오는 불행을 미연에 방지해야 한다. 암은 냉한 곳과 음기를 매우 좋아하므로, 체질별 목욕 요법에 따라 겨자 목욕을 자주하고, 매운 맛을 즐겨야 한다. 불가에서 금기시 하는 오신채(마늘, 파, 겨자, 후추, 고추 등 매운맛을 내는 채소)가 유리하다.

AB형은 부모의 체질과 기질을 물려받아 변수가 있기는 해도 평화주의자인 A형 나 유형(자창자화형)과는 서로 보완해 줄 수 있는 관계로 발전할 수 있다. 평생 같은 혈액형끼리의 마찰과 단점을 보아왔기 때문에 그러한 시행착오를 겪지 않기 위해 노력하는데서 발전이 있다. 돌보기가 수월한 관계가 된다. 체질상 열성인 부모에게서 태어나 음양의 조화로운 에너지가 장점이다(두뇌가 명석한 아이를 낳을 수 있다).

父 AB형 + 母 AB형 = A형

父 A형 + 母 O형 = A형

父 O형 + 母 A형

父 B형 + 母 B형 = B형

父 AB형 + 母 AB형

父 A형 + 母 B형 = O형

父 B형 + 母 A형

父 B형 + 母 O형

父 O형 + 母 B형

父 B형 + 母 AB형 = AB형

밝고 융통성이 좋은 영업력의 귀재다. 조직 속에 있기 보다는 창의성과 능력을 쏟아 붓는 사업을 하면 대성할 수 있는 체질이다.

父 AB형 + 母 B형 = AB형

인간 경영의 달인으로 사람을 통한 조직이나 사업을 일으키면 대성할 수 있는 체질이다.

父 B형 + 母 B형 = B형

父 AB형 + 母 AB형

父 B형 + 母 B형(산계야목형)의 유형은 천성이 부드러운 A형이 다루기 매우 어렵다. 반면 父 AB형 + 母 AB형은 필사적으로 노력하는 분골쇄신형으로 나쁜 습관을 버리고 절제된 생활을 할 때 천재를 낳을 가능성이 크다.

최상의 O형 상대는 소심한 A형에게 활력을 준다. 위의 유형들은 유무강약의 분별이 고르지 못해 분위기 메이커 노릇을 하지 못하지만, O형의 장점인 인간미와 추진력, 목적의식 등을 잘 발휘할 수 있도록 A형이 잘 돌봐

준다면 최상의 커플이 될 수 있다. 때때로 O형은 A형에게 과격한 표현과 직선적인 방법으로 상처를 주기도 하는데 이점만 컨트롤 한다면 최상의 커플로 손색이 없다.

● A형 다(父 B형 ↔ 母 A형)

작작유여유(灼灼有餘裕)형 : 여유와 조화로 일을 처리하며 사교술이 탁월하다. 천의 얼굴이라 불릴 정도로 다방면으로 재능이 있고 심지가 굳다.

이 혈액형의 유형은 섬세하고 사안의 경, 중, 완, 급 조절 능력이 뛰어나 참모나 배우자로 둔 기업이나 사람은 옆에 있어 주는 것만으로도 행운이다.

위의 세 체질(A형 가, 나, 다)이 여성이면 겨자(씨)가루 한 숟가락을 간간한 소금물에 뭉쳐 따뜻한 물에 넣고, 10여 분간 좌욕을 하면 감기, 월경불순에 효과적이다.

A형에서 무난한 상대
父 A형 + 母 A형 = A형
父 O형 + 母 A형
父 O형 + 母 AB형
父 AB형 + 母 O형

B형에서 무난한 상대
父 B형 + 母 B형 = B형
父 O형 + 母 AB형
父 AB형 + 母 O형

B형에서 최상의 상대
父　B형 ＋ 母　B형 ＝ B형
父　AB형 ＋ 母　AB형
서로 상반된 절기에 태어난 사람이 최상의 커플이다.

O형에서 최상의 상대
父　B형 ＋ 母 A형 ＝ O형
父　B형 ＋ 母 O형
父　O형 ＋ 母 B형
첫 번째 유형은 B형 부친과 A형 모친의 영향으로 체질과 기질의 기복이 심한 편으로 A형 다 유형이 잘 살펴 돌봐야 한다.

AB형에서 최상의 상대
父　A형 ＋ 母 AB형 ＝ AB형
父　B형 ＋ 母 AB형
父　AB형 ＋ 母　A형
父　B형 ＋ 母 AB형
상대가 나와 취미나 흥미, 인생의 목표를 살펴 커플로 발전시켜야 불행을 막을 수 있다.

산초를 식용으로 자주 사용하면 몸이 따뜻해지고 체질관리에 좋으며, 화가 나거나 우울함으로 인한 심인성 질환을 다스릴 수 있다.

● A형 라(父 B형 ↔ 母 AB형)

기변지교(機變之巧)형 : 때와 상황에 따라 적절히 대처하는 수완가. 상대의 심중을 꿰뚫는 투시력이 있으며 상대에 대한 배려도 넉넉하다.

단체 생활이나 조직에서의 불편을 견디지 못해 이탈하는 경우가 있고, 임기응변에 능하지 못하다는 단점이 있다. 그러나 이 혈액형은 명품체질로 대표적인 위인으로는 선비정신과 무예, 지혜와 덕을 고루 갖춘 이순신 장군을 들 수 있다. 덕수 이 씨인 이순신 장군은 온양 방씨를 부인으로 맞아 장인어른인 방 군수(저자의 선조, 혈통) 집안의 아들 노릇까지 톡톡히 해낸 덕장으로 알려져 있다.

육체미 선수라는 자신의 장점을 살려 배우로 성공하고 후에 정치인으로도 성공한 아놀드 슈왈츠제네거도 이러한 체질에 속한다. 조지 부시상을 수상하기도 했던 그는 1747년생으로 장검을 들었다면 전략에 능한 이순신 장군과 영락없이 닮은꼴이다.

플라보노이드(Flavonoid) 루틴(rution)성분이 들어 있는 양반나무로 알려진 회화나무(괴목, 괴화)를 하루 5~10g을 달여 먹으면 치질, 구내염, 동맥경화, 고혈압, 방사성 노출 등에 큰 효과가 있다. 금잔화는 이완의 효능과 심신의 안정을 준다.

A형에서 최상의 상대

父 AB형 + 母 AB형 = A형

최상의 커플이기는 하나 오랜 신경전으로 인한 스트레스가 질병의 요인이 될 수 있다.

B형에서 최상의 상대

父 B형 + 母 AB형 = B형
父 AB형 + 母 B형
父 AB형 + 母 AB형

위의 유형은 각자 개성이 강한데 특히 마지막 유형은 체질이 까다로워 다툼이 많을 수 있다. 이런 유형들은 각자의 체질 관리에 각별히 신경을 써야 한다. 이점을 고려해 짝을 정해야 행복할 수 있다.

O형에서 최상의 상대

父 B형 + 母 B형 = O형
父 B형 + 母 O형
父 O형 + 母 B형
父 A형 + 母 A형

이 유형은 A형과의 체질적 조화로 최상의 커플이 될 좋은 조건을 갖추고 있으나 너무 강한 개성 때문에 상대와의 다툼을 조심해야 한다.
마지막 유형은 부모의 영향으로 상대에게 동질감과 안정감을 줄 수 있다.

AB형에서 최상의 상대

父 B형 + 母 AB형 = AB형
父 AB형 + 母 B형
父 AB형 + 母 AB형

까다로운 체질을 잘 관리해서 A형 라 유형의 심신을 편안하게 해야 서로에게 이롭다.

● A형 마 (父 A형 ↔ 母 O형)

일심정념(一心正念)형 : 끝까지 한마음으로 지조가 있고 책임을 진다.

모든 A형들은 절기를 따져 자신이 수·목 체질이면 화·금 체질과, 자신이 화·금 체질이면 수·목 체질과 짝을 이루는 것이 바람직하다.

A형 마 유형은 자신의 몸을 지나치게 과신해 큰 병을 감지하지 못하고 지나치는 오류를 범할 수 있다. 무슨 일이든지 자신이 해결하려는 관계로 체력을 과도하게 낭비하고 질투심, 반드시 성공해야 한다는 강박관념, 우울증을 개선하는데 심혈을 기울여야 화를 면할 수 있다.

사시나무나 가시금작화는 미래에 대한 두려움과 불안한 심신을 개선하는데 도움을 주고, 헛배가 부르거나 과음·과식했을 때 회향나무 열매 가루를 한 끼에 한 스푼 물에 타서 따뜻하게 마시면 해소된다.

A형에서 최상의 상대
父 A형 + 母 A형 = A형
父 A형 + 母 O형
父 O형 + 母 A형
父 AB형 + 母 O형

첫 번째의 혈액형이 여성일 경우 더 잘 맞는 커플이 될 수 있다. 음양이 조화롭게 어울려 서로에게 부족한 에너지를 보완해 주는 장점이 있다.

B형에서 최상의 상대
父 B형 + 母 B형 = B형

최상의 커플이 될 수 있으나 태어난 절기가 서로 상반되는 것이 좋다.

O형에서 최상의 상대	AB형에서 최상의 상대
父 A형 + 母 O형 = O형	父 B형 + 母 AB형 = AB형
父 B형 + 母 B형	父 AB형 + 母 B형
父 O형 + 母 A형	父 AB형 + 母 AB형
父 O형 + 母 B형	
父 A형 + 母 A형	

위의 4가지 유형은 기본적으로 열성이고 부모로부터 양적인 유전자를 물려받아 빼앗는 에너지보다는 서로보완해 주는 관계가 될 수 있는 최상의 커플이다.
마지막 유형은 A형과 동질감과 평안을 주는 O형 체질이다.

● A형 바(父 O형 ↔ 母 A형)

세답족백(洗踏足白)형 : 상전의 빨래에 종의 발꿈치가 희게 된다는 뜻으로 남의 일을 해 줌에 있어 그 만한 소득을 본다.

폐쇄적인 면이 있고, 결벽증에 시달릴 확률이 높기 때문에 이를 너그럽게 감싸줄 파트너를 만나야 한다. 심각한 질병에 걸릴 위험이 있어 특히 체질관리에 철저해야 한다.

실리추구와 목적의식이 분명하고, 프라이드가 강하며 의심이 많다. 믿는 사람에게는 쉽게 응하여 어이없이 무너지는 경향이 짙다. 그런가 하면 편애와 계산적인 면으로 유능한 사람을 놓치는 과오를 저지를 수 있다. 잘 살펴서 실수하지 않도록 조심해야 한다.

올리브유와 레몬주스를 같은 비율로 섞어 마시면 담석이 고통 없이 몸 밖으로 배출 된다. 그리고 간유와 사과 주스를 혼합해서 먹으면 담석을 분해하는 효과가 있다(특히 우유를 많이 먹어 담석이 의심되는 사람은 꼭 해 볼 필요가 있다).

A형에서 최상의 상대
父 A형 + 母 O형 = A형
父 O형 + 母 A형
父 AB형 + 母 O형

B형에서 최상의 상대
父 B형 + 母 B형 = B형

B형에서 무난한 상대
父 A형 + 母 B형 = B형
父 B형 + 母 A형
父 B형 + 母 O형

O형에서 최상의 상대
父 O형 + 母 B형 = O형
父 A형 + 母 A형
父 A형 + 母 O형
父 B형 + 母 O형
父 O형 + 母 A형
父 O형 + 母 B형

AB형에서 최상의 상대
父 A형 + 母 AB형 = AB
父 AB형 + 母 A형

● A형 사(父 A형 ↔ 母 AB형)

유지자사경성(有志者事竟成) 후한서(後漢書)형 : 뜻을 이루고자 하는 사람은 어떤 난관에 부딪쳐도 반드시 이룬다.

이 유형은 반드시 일과 식탐을 줄이고 중용을 지켜야만 큰 병을 피할 수 있다. 무리하게 땀 흘리지 않으면서 체력의 한계를 벗어나지 않는 적당한 운동과 1~2시간 정도의 일광욕, 맞춤 식단으로 체질관리를 하는 동시에 로맨틱한 내면과 어우러지는 라이프스타일을 유지해야 한다.

컨설턴트, 교육, 상담역(보험설계사, 역술인) 등의 전문적인 직업이 이 유형의 사람을 빛나게 한다. 위통이 오는 경우 따끈한 물에 계피 가루를 반 티스푼을 타서 일정기간 복용하면 위통 해소에 도움이 된다.

A형에서 최상의 상대	B형에서 최상의 상대
父 O형 + 母 AB형 = A형 父 AB형 + 母 O형 부모의 유전자와 본인의 체질이 다소 복잡한 관계로 체질 진단표를 참고해서 자신의 병리를 미리 알고, 예방과 치유에 만전을 기하는 것이 불행을 막는 최선의 길이다.	父 AB형 + 母 AB형 = B형 최상이긴 하지만 복잡한 체질의 아이를 생산할 가능성이 있다.

O형에서 최상의 상대
父 A형 + 母 A형 = O형
父 B형 + 母 O형
父 O형 + 母 B형
父 O형 + 母 O형

위의 유형은 감정의 기복이 없는 A형 사유형의 사람에게 내조나 외조를 받는 것만으로도 큰 행운이 단 복잡한 체질의 아이를 낳을 수 있어 건강관리에 각별히 신경 써야 한다. 4번째 유형은 부모가 모두 열성이고, 본인도 열성 체질이라 O형 나라에 가서 살아도 이질감 없이 잘 견뎌낼 수 있다. 단 A형의 상대에게 상처를 주지 않도록 조심스럽게 행동하는 것이 서로의 불행을 막는 일이다.

B형에서 무난한 상대
父 A형 + 母 AB형 = B형
父 O형 + 母 AB형
父 AB형 + 母 A형

AB형에서 최상의 상대
父 A형 + 母 AB형 = AB형
父 B형 + 母 A형
父 AB형 + 母 AB형

이 유형은 삶의 방식과 질을 차분하게 가질 필요가 있다. 특히 체질관리에 유의해 질병이 오는 것을 막아야 행복이 따른다.

● A형 아(父 O형 ↔ 母 AB형)

창왕찰래(彰往察來)역경 형 : 지난 일을 명찰하여 득과 실을 잘 살핀다. 크게 노력하지 않고도 남들이 애쓴 만큼 효율적인 결과를 만든다.

흑백이 분명해 적을 많이 만드는 유형으로 체질의 변화가 심하다. 약삭빠른 것보다는 대범함과 여유를 가지고 노력할 때 덕이 쌓인다. 감정의 기복이 없고, 단점을 잘 컨트롤 할 수 있는 묵묵하면서도 지적인 상대가 이 유형의 사람을 성공으로 이끌 수 있다.

언젠가 제주도에 사는 'A형 아 유형'의 사람이 위암에 걸려 나를 찾아온 적이 있다. 그는 제법 큰 관광호텔을 인수하고 호텔을 잘 키워 보겠다는 마음으로 들떠있던 찰나에 암 진단을 받았다. 욕심과 정력이 넘쳐 부인 외에 다른 여자와 바람을 피우기도 했던 호색한으로 결국 그는 복부가 차올라 쓰러져 세상을 떠났다. 후에 부인의 고백에 따르면 늘 남편이 빨리 떠나기를 빌었다고 한다. 그녀는 자신의 저주파가 자신과 남편을 불행하게 만든 부정적인 에너지였음을 후회하고 있었다. 부부간의 사랑이 얼마나 귀중한 덕목인가를 깨닫게 하는 시사하는 바가 큰 일화이다.

이 체질의 사람이 소화불량으로 인한 복부팽만감이 있을 때 맷두릅 뿌리를 삶은 물을 매 식사 30분 전에 상식하면 효과를 볼 수 있다.

A형에서 최상의 상대
父 A 형 + 母 AB형 = A형
父 O 형 + 母 AB형
父 AB 형 + 母 A형

B형에서 최상의 상대
父 A 형 + 母 AB형 = B형
父 B 형 + 母 AB형
父 AB 형 + 母 A형
父 AB 형 + 母 B형

AB형에서 최상의 상대
父 A 형 + 母 AB형 = AB 형
父 AB 형 + 母 A형
父 AB 형 + 母 AB형

● A형 자(父 AB형 ↔ 母 A형)

청경우직(晴耕雨織)형 : 갠 날은 논밭을 갈고 비 내리는 날은 집에서 길쌈을 하는 매우 근면 성실한 유형이다.

부모와 같은 유형의 조합(상대AB형+자신A형)을 가진 체질과의 결합은 자녀에게 복잡한 체질을 물려줄 가능성이 크기 때문에 피하는 것이 좋다. 마음의 문을 잘 열지 않으므로 인생을 융통성 있게 운용하는 지혜를 훈련하고, 그 점을 감싸주고 보완해 줄 수 있는 상대를 만나야 행복을 키울 수 있다.

이 체질이 책임감에 시달리면 불면증이 오고 의기소침해지면 겨자씨 우린 물에 느릅나무를 넣고 요리해서 먹거나 가까이 두면 효능이 있다.

최상의 A형
父 O형 + 母 AB형 = A형

무난한 상대의 A형
父 A형 + 母 A형 = A형
父 A형 + 母 O형
父 O형 + 母 A형
父 AB형 + 母 O형

최상의 B형
父 AB형 + 母 AB형 = B형

무난한 상대의 B형
父 O형 + 母AB형 = B형
父 AB형 + 母 O형

최상의 O형	무난한 상대의 O형
父 A형 + 母 A형 = O형	父 A형 + 母 B형 = O형
父 O형 + 母 O형	父 A형 + 母 O형
	父 B형 + 母 A형
	父 B형 + 母 B형
	父 O형 + 母 A형

최상의 AB형

父 A형 + 母 AB형 = AB형

父 AB형 + 母 A형

아래 AB형은 까다로운 체질과 기질의 소유자로 2세를 생산할 경우 매우 복잡한 유형의 체질의 아이를 낳을 수 있어 A형 자 유형은 신중하게 판단해서 결정해야 한다.

父 AB형 + 母 AB형 = AB형

● A형 차(父 AB형 ↔ 母 B형)

투합취용(偸合取容)형 : 남에게 영합해 자신이 받아들여지기를 바라는 유형.

어떤 사람과도 잘 지낼 수 있는 융통성이 있지만 그것이 단점으로 작용하면 실속이 없고, 확고한 자기주관과 확신이 없는 것으로 보인다. 요행을 꿈꾸면서 복권방을 서성거리기도 한다.

인생이라는 화선지에 미완의 작품을 그릴 확률이 많으며 노심초사하는 가운데 스트레스를 자초하고 파트너가 자주 바뀌는 우를 범하기 쉽다. 체질관리가 안 되면 큰 병이 올 수 있다. 철저한 자기관리로 화를 예방해야 하며 실패가 두려우면 그 자리를 채워줄 덕망과 인내력이 있는 상대를 만나야 하는 과제를 안고 있다.

인진쑥 말린 것을 우려내 체질에 따른 목욕을 하고, 일주일에 1~2번 피마자유로 두피 마사지를 하면 탈모를 방지하고, 유익한 에너지를 공급받을 수 있다. 금잔화는 뭉친 근육을 이완하는 효력이 있어 옆에 두면 좋다.

A형에서 최상의 상대
父 O 형 + 母 AB형 = A형
父 AB 형 + 母 B형
父 AB 형 + 母 O형
父 AB 형 + 母 AB형

B형에서 최상의 상대
父 B 형 + 母AB 형 = B형
父 AB 형 + 母 B 형

B형에서 무난한 상대
父 B 형 + 母 O 형 = B형
父 O 형 + 母 B형
父 AB 형 + 母 AB형

O형에서 최상의 상대
父 A 형 + 母 A 형 = O형
父 B 형 + 母 A 형
父 B 형 + 母 B 형
父 B 형 + 母 O 형
父 O 형 + 母 B 형

AB형에서 최상의 상대
父 B 형 + 母 AB형 = AB형
父 AB 형 + 母 B형

● A형 카 (父 AB형 ↔ 母 O형)

불필타구(不必他求)형 : 자신감이 넘치고 포용하는 여유가 있다. 남에게 구할 필요 없이 자기 것으로도 넉넉하며 봉사 정신이 있다.

A형이 비교적 예민하고 허약한 체질들이 많은데 반해 이 유형은 매사에 막힘이 없는 전천후의 체질을 가지고 있다. 그러나 지나친 승부욕과 과욕으로 혈기를 남용하는 경우가 있어 에너지 소비가 지나쳐 몸(파트너가 자주 바뀜)과 마음을 해칠 수 있다.

건강에 있어 과도한 능력 발휘로 근육이 뭉치거나 피로가 쌓인 것을 인식한 후 완급 조절에 능숙하고 온화한 기질로 잘 풀어 살펴 주는 상대를 선택해야 한다.

같은 체질끼리 만나면 바람 잘 날이 없으므로 음 · 양의 조화를 이루어야 한다. 잠이 보약인 체질이므로 수면 부족을 피해야 하고, 맞춤 체질 식단을 숙지해 건강관리에 만전을 기해야 큰 병을 피할 수 있다. 정향나무나 페퍼민트, 라벤더로 체질목욕을 하는 것이 좋은 에너지 관리 방법이다.

A형에서 최상의 상대	B형에서 무난한 상대
父 A형 + 母 O형 = A형	父 A형 + 母 AB형 = B형
父 A형 + 母 AB형	父 B형 + 母 AB형
父 O형 + 母 A형	父 AB형 + 母 A형
	父 A형 + 母 B형

O형에서 최상의 상대
父 A형 + 母 A형 = O형
父 A형 + 母 O형
父 B형 + 母 B형
父 B형 + 母 O형
父 O형 + 母 B형

AB형에서 최상의 상대
父 AB형 + 母 AB형 = AB형

AB형에서 최상의 상대
父 A형 + 母 AB형 = AB형
父 AB형 + 母 A형
父 AB형 + 母 B형

● A형 타(父 AB형 ↔ 母 AB형)

사자심상빈(奢者心賞貧)형 : 사치를 좋아하고 만족이 없다. 언제나 새로운 것을 추구하지만 마음이 공허하여 속빈 강정이다.

장시간 신경전을 벌이게 만드는 상대는 이 유형의 체질을 망가뜨리고, 상대방도 힘이 든다. 체질의 특성상 병이 나면 완치하기가 매우 까다로운 특이 체질이기 때문에 온화하고 평화주의를 지향하는 자연친화적인 인테리어 사업이나 인간 중심의 창의적인 패션 사업과 비즈니스 상대가 몸과 마음을 이롭게 하는 적격자이다.

세련된 패션 감각과 자신만의 확고한 세계로 남들이 쉽게 다가설 수 있는 여유가 부족해 '가까이 하기엔 너무 먼 당신'에 해당되는 유형이다. 이

해타산을 감추지 않고 나타내는 솔직함을 가지고 있다. 이 유형의 짝은 그야말로 바다와 같은 넓은 마음과 무던한 상대라야 충돌을 최소화시켜 스트레스를 여유 있게 대처하며 즐길 수가 있다.

명품으로 사치를 하기 시작하면 남아나는 재산이 없다.

자기혼란이나 공황 상태가 올 때 물푸레나무나 가시금작화를 가까이 하면 효능을 볼 수 있다.

A형에서 최상의 상대
父 A형 + 母 A형 = A형
父 A형 + 母 B형
父 AB형 + 母 A형

B형에서 무난한 상대
父 B형 + 母 A형 = B형
父 B형 + 母 AB형
父 AB형 + 母 B형

O형에서 최상의 상대
父 A형 + 母 B형 = O형
父 A형 + 母 O형
父 B형 + 母 A형
父 B형 + 母 B형
父 O형 + 母 A형

AB형에서 최상의 상대
父 B형 + 母 AB형 = AB형
父 AB형 + 母 B형
父 AB형 + 母 AB형

6

B형의 기본적인

체질과 기질

B형의 기본적인 체질과 기질

일본의 전 수상 다나까 가꾸에이의 혈액형은 B형이다. B형은 조사 능력과 상황 판단이 발달해 관심이 있는 대상이나 확신하는 일을 치밀하게 끌고 나가는 능력의 소유자다. 그는 일본 역사상 학력이 제일 낮은 수상으로 손꼽히는데 그러한 성향이 큰 장점으로 작용했다. 칠전팔기의 의지는 실패를 두려워하지 않는 데서 생긴다. 미래 지향적 인간 승리의 본보기라고 할 수 있다.

그러나 그는 B형이 쉽게 저지를 수 있는 경솔한 실수로 인해 최고의 자리에서 최악의 기록을 남기며 불명예스럽게 물러나야 했다. 록히드 항공사 수뢰사건과 정치자금의 출처 논란 등 그가 일으킨 사회적 물의는 한 나라의 국가 원수로서 공인되지 않은 가치관, 계획성의 부재, 속박을 싫어하는 불분명한 자유분방함이 악재로 작용한 결과라고 해야 할 것이다. 정치판이 많은 변수가 있는 곳이기는 하지만 성미가 급하고 다분히 자기중심적이며 두루 살피지 못한 행동이 낳은 불행한 결과라고 할 수 있다.

실제로 가까운 B형 후배에 관한 일화가 있다. 그 일을 계기로 후배는 결국 남편과 이혼을 해야 했다. 그녀는 남편과 사이가 좋지 않았고, 숨겨둔 애인이 있었다. 어느 날 남편에게서 걸려온 전화를 애인으로 착각하고 그녀는 그만 실수를 저지르고 말았다. 언제 어디서 만나자는 약속을 정하고 난 후에야 상대가 애인이 아닌 남편인 것을 알았던 것이다.

분별없이 저지른 결정적인 실수로 그녀는 위자료는 커녕 불경스러운 여자로 낙인 찍혀야 했다. 자식들에게 그녀는 윤리와 도덕성을 상실한 어머니로 비쳐졌을 것이고, 그것은 여자이기에 앞서 어머니인 그녀의 인생에 큰 오점을 남겼을 것이다.

그러나 B형의 큰 장점은 독창성과 상식에 구애되지 않는 여유로움, 복잡하게 얽힌 일을 인간적인 면과 대화로 쉽게 풀어나가는 유연성을 가지고 있다는 점이다.

일의 한계를 모르고 박식한 행동파의 명수(名手)이며, 낭만적이라는 점도 유리하게 작용한다. 또한 위아래 허물없이 융화가 잘 되는 편이어서 동료나 아랫사람에게 호평을 듣는다. 때때로 윗사람에게 버릇없는 사람이라는 오해를 불러일으키기도 하는데 그다지 연연해하지 않는 독특함이 있다.

우리나라 역대 대통령으로 박정희 전 대통령이 여기에 해당 된다고 볼 수 있는데 '박사모'의 가족들은 그를 장점이 더 큰 휴머니스트로 박정희 전 대통령을 기억할 것이다.

B형의 식생활 기본패턴

틀에 얽매이지 않고 살아가는 B형은 먹기 위해 산다고 할 수 있을 정도로 먹는 것을 좋아한다. 요리의 가짓수가 많은 뷔페 음식도 선호하는데 분위기보다는 맛을 따라 다니고 맛을 위주로 먹는다.

영양의 균형과 체질관리에 무신경한 편으로 맛이 있으면 책상 다리만 빼고 다 먹는다는 중국인의 식생활 문화를 그대로 옮겨놓은 듯하다. 그러나 중국인들은 먹은 음식을 그대로 몸에 쌓아 놓지 않고 빼내는 방법이 생활화되어 있기 때문에 과체중으로 비만인 사람은 인구에 비례해 적은 편이다. 지금부터라도 양보다 질을 중시하고 나에게 맞는 음식이 무엇인지를 제대로 인식해 건강관리에 신경 쓴다면 과체중으로 인한 복부비만, 성인병, 난치병은 사전에 예방할 수 있을 것이다.

- 햄, 베이컨, 어묵류는 가공할 때 첨가되는 색소나 방부제 등으로 체질에 관계없이 되도록 섭취하지 않는 것이 상책이다. 미국 등 선진국에서는 이러한 식품을 정크 푸드(쓰레기 같은 음식)라 해서 기피하는 현상이 두드러지고 있다.

B형에게 이로운 음식 · 해로운 음식

	이로운 음식	해로운 음식	보통
어패류	광어, 도미, 고등어, 농어, 대구, 아귀	새우, 달팽이, 멸치, 게, 바다 가재, 뱀장어, 자라, 대합조개, 소라, 훈제연어, 홍합, 문어, 굴, 어묵류	무지개송어, 잉어, 가리비, 전복(화 · 금 체질) 옥돔, 민어, 송어, 청어
육 류		돼지고기, 오리고기, 닭고기, 염통, 메추라기, 햄, 베이컨,	송아지고기 꿩고기
콩 · 씨앗 견과류	강낭콩류, 홍삼(수 · 목 체질)	팥(수 · 목 체질), 검정콩, 얼룩배기 콩, 동부, 병아리 콩, 땅콩 버터, 카슈넛, 해바라기씨, 호박씨	밤, 호두, 여지, 흰색 콩, 대두, 누에콩, 잠두, 깍지완두, 푸른 완두콩
채소류	고추(붉은것, 노랑색, 청색), 컬리플라워, 가지, 겨자잎(화 · 금 체질), 브로콜리(유전자재조합인지 의심), 치커리, 고구마, 비트(잎)	토마토, 늙은 호박 (수 · 목 체질), 참깨, 두부, 녹색 올리브, 아보카도	시금치, 죽순, 오이, 마늘, 생강, 근대, 부추, 양파, 애호박, 샐러리, 감자, 파, 시금치, 순무, 버섯류, 민들레
곡 류	흑색쌀 차조, 강낭콩, 현미빵	통밀가루(빵), 옥수수(머핀), 메밀, 보리, 순호밀빵	현미, 백미, 콩가루
기름 유제품			
과일류 ·	(화 · 금 체질)(검은, 붉은, 푸른) 자두, 붉은 포도, 바나나, 파인애플, 귤, 오렌지	(수 · 목 체질)백년초, 감, 석류, 대황, 코코넛	수박, 복숭아, 배, 사과, 망고, 키위, 살구, 딸기, 구아바, 건포도

- 태양을 향해 피는 알로에와 해바라기는 강한 냉성을 지니고 있다. 특히 B형의 수 체질이나 목 체질은 냉 체질이므로 본성이 냉한 것은 독이 된다. 태양을 향한 식물은 체질 자체가 차갑기 때문에 열(태양)을 찾는 것이고, 본성이 뜨거운 뿌리채소는 체질 자체가 뜨겁기 때문에 서늘한 땅 속을 찾아 뿌리를 내리는 것이다. B형은 O형과 닮은 곳이 많다. 카멜레온 같은 특성 때문에 암 질환에 걸릴 확률보다는 다발성 경화증과 같은 이색적인 면역계 질환을 조심해야 한다. 옥수수, 메밀, 참깨, 땅콩 등은 신진대사 효율을 방해하고 저혈당증을 초래하며 밀은 음식을 연소해 지방으로 축적하며 인슐린 효율을 저해하는 요소를 지니고 있어 당뇨병에 좋지 않다.

B형에게 좋은 약선 요리

고구마 표고버섯(화·금 체질) 수수밥

재료 : 호박 고구마 1개, 차수수 반 컵, 말린 표고(중국산 주의)약간, 녹색 현미 멥쌀 반 컵, 현미 발아 찹쌀 반 컵, 강낭콩 약간

〈만드는 방법〉
1. 차 수수는 하루 전에 불려 두었다가 물기를 빼 둔다.
2. 말린 표고버섯은 잘 씻어 물에 불린 후 물은 보관한다.
3. 고구마는 씻어 껍질째 깍둑썰기로 준비해 둔다.
4. 녹색 현미 멥쌀, 현미 발아 찹쌀을 30분간 불려 놓는다.
5. 쌀을 먼저 안치고 그 위에 고구마, 차수수, 강낭콩, 표고 순서로 넣은 후 표고버섯 우린 물로 밥을 짓는다.

B형에게 잘 맞는 고구마와 수수는 소화 작용에 좋을 뿐만 아니라 천식이나 기침 예방·치료의 효능도 가지고 있다. 위의 약선 요리밥은 체질에 이로운 채소류와 들기름 약간, 참기름 약간을 넣은 양념간장에 비벼 꼭꼭 씹어 먹으면 보약이 된다.

B형 목 체질은 선천적으로 간의 기능이 강해 간의 영향력이 과잉될 수 있으므로 포도당 혈관 주사를 맞으면 중독 현상이 나타날 수 있다.

● B형 가(父 A형 ↔ 母 B형)

사중구활(死中求活)형 : 죽을 고비에서 간신히 살길을 찾음.

신중함이 지나쳐 결벽증으로 이어질 수 있는 체질이며, 타고난 순수함이 세상의 역경과 혼란에 부딪쳐 신경성 질환을 일으킬 위험이 크다. 화학 약의 복용은 질병을 부추기는 요인이 되므로 철저한 맞춤 식이요법을 권한다.

특히 이 유형이 겨울에 태어난 수·목 체질이면 몸이 냉하므로 온기를 항상 가까이 해야 한다.

투기(投企)심이 성공의 열쇠지만 따돌림의 원인이 되기도 하므로 변화무쌍한 성격의 상대보다는 차분한 내(외)조자나 믿음직하고 듬직한 상대를 선택하는 것이 관건이다.

《동의보감》에서 허준이 위암의 특효약으로 인정했던 뉴질랜드 시금치 번행초를 하루에 15g씩 달여 먹거나 살짝 데쳐 먹으면 위염, 십이지장 궤양, 스트레스성 궤양에 좋은 효과를 볼 수 있다.

A형에서 무난한 상대	B형에서 최상의 상대
父 A형 + 母 O형 = A형	父 B형 + 母 B형 = B형
父 O형 + 母 A형	父 AB형 + 母 AB형
父 AB형 + 母 AB형	

O형에서 최상의 상대	AB형에서 최상의 상대
父 A형 + 母 A형 = O형	父 A형 + 母 B형 = AB형
父 A형 + 母 B형	父 B형 + 母 A형
父 B형 + 母 A형	父 AB형 + 母 B형
父 O형 + 母 O형	

● B형 나(父 B형 ↔ 母 A형)

자신자의(自信自疑)형 : 한편으로는 미덥고 한편으로는 의심스러운 성실과 변덕을 동시에 가진 이중적인 경향이 짙은 유형.

자기 자신을 컨트롤 할 수 없을 때 폭식과 폭음으로 이어지는 수가 있다. 상대를 무한정 기다리게 하거나 미덥지 못한 행동을 할 때가 많다. 돌변하기 쉽고 방랑자적인 기질이 있기 때문에 상대에게 진실하지 못하다는 평가를 받을 수 있으므로 자상하고 예의바른 이미지를 지켜 믿음을 주어야 한다.

혼기를 놓치거나 실연으로 마음에 상처를 입으면 그로 인한 질환이 심각

해져 병약한 체질이 될 수 있다. 이 유형의 즉흥적인 부분을 잘 컨트롤 해
줄 수 있는 상대가 최상의 상대이다.

흥분으로 땀이 날 때 계피라는 실론육계의 나무껍질이 열을 내리고, 통
증을 완화해주며 위의 더부룩함을 다스린다.

A형에서 최상의 상대
父 A형 + 母 O형 = A형
父 O형 + 母 A형
父 AB형 + 母 AB형

B형에서 최상의 상대
父 B형 + 母 AB형 = B형
父 AB형 + 母 B형

O형에서 최상의 상대
父 A형 + 母 B형 = O형
父 B형 + 母 A형
父 B형 + 母 O형
父 O형 + 母 B형
父 O형 + 母 O형

AB형에서 최상의 상대
父 A형 + 母 AB형 = AB형
父 AB형 + 母 A형

AB형에서 무난한 상대
父 A형 + 母 B형 = AB형
父 B형 + 母 A형

● B형 다(父 B형 ↔ 母 O형)

촉중명장(蜀中名將)형 : 재주가 뛰어나고 비범하나 깊이가 없어 실패가 있다.

포호빙하 (咆虎憑河)는 맨손으로 범을 때려잡고 맨몸으로 강을 건넌다는 뜻의 고사숙어로 무모한 도전으로 혈기를 부리는 이 유형의 특징을 잘 말해준다. O형 모친이 B형 부친을 심하게 몰아 부치거나 옥죄는 가정 분위기였다면 기복이 심한 정서의 파동에 의해 투쟁본능, 소유욕, 집착으로 인한 성공과 실패를 반복하게 된다. 그렇기 때문에 이 유형을 잘 컨트롤 해줄 수 있는 반려자를 만나야 큰 화를 면할 수 있고, 시간 낭비를 줄일 수 있다.

유익한 식물은 치커리(Chicory)로 생으로 먹거나 말려서 차로 먹으면 식품 이상의 효능이 있다.

A형에서 무난한 상대
父 A 형 + 母 O형 = A형
父 B 형 + 母 AB형
父 O 형 + 母 A형
父 AB 형 + 母 B형

B형에서 최상의 상대
父 A 형 + 母 AB형 = B형
父 O 형 + 母 AB형
父 AB 형 + 母 O형

O형에서 최상의 상대
父 B 형 + 母 B형 = O형
父 B 형 + 母 O형
父 O 형 + 母 B형
父 AB 형 + 母 B형

AB형에서 최상의 상대
父 B 형 + 母 AB형 = AB형

● B형 라(父 O형 ↔ 母 B형)

귤화위지(橘化爲枳)형 : 남쪽의 귤을 북쪽에 옮겨 심으면 탱자가 된다.

호기심이 많고 취미가 다양하다. 독신주의자는 아니지만 의외로 독신처럼 살아가는 경우가 많다. 불규칙한 라이프스타일로 체질관리에 소홀할 경우 건강에 적신호가 온다. 남에게 대접을 받는 직업의 사람일 경우 감싸주고 베푸는 사랑은 이루기 힘들다. 자신의 장점을 살릴 수 있는 방송계나 패션계의 직업을 통해 베풀고 봉사할 때 덕이 쌓이고 자신의 능력과 내면 세계에 투자할 수 있는 인재가 가까이 온다.

명일엽이라고 하는 신선초 잎을 썰어 말려 차로 달여 마시면 고혈압과 변비에 좋다.

A형에서 무난한 상대
父 A형 + 母 O형 = A형
父 B형 + 母 AB형
父 O형 + 母 A형
父 AB형 + 母 B형

B형에서 최상의 상대
父 A형 + 母 AB형 = B형

B형에서 무난한 상대
父 B형 + 母 A형 = B형
父 B형 + 母 B형
父 B형 + 母 O형
父 O형 + 母 B형

O형에서 최상의 상대
父 A형 + 母 B형 = O형
父 B형 + 母 B형
父 B형 + 母 O형
父 O형 + 母 B형

O형에서 무난한 상대	AB형에서 최상의 상대
父 O형 + 母 O형 = O형	父 B형 + 母 AB형 = AB형
	父 AB형 + 母 B형

● B형 마 (父 B형 ↔ 母 AB형)

자하거행(自下擧行)형 : 어른 혹은 동료의 의견이나 조언을 받아들이지 않고 자신의 판단과 견해만을 밀고 나감.

내면의 고민, 인과관계, 난관, 스스로 파놓은 함정 등으로 속을 끓여 건강에 문제가 발생한다. 무절제하게 이성을 만나는 습관이 있다면 정력 낭비로 단명할 수 있으므로 철저한 자기관리가 필요하다.

사이코패스(Psychopath) 기질이 농후해서 이 기질을 선용한다면 범죄심리학, 법의학 등에 기초를 둔 재소자 관리 등의 계통에 없어서는 안 될 독보적인 존재가 될 수 있다. 그러나 악용할 경우 고집불통의 기회주의자가 될 가능성이 있고 일반사회에서 격리되는 사건을 일으킬 수도 있다.

세상 경험이 많고, 마음이 넓은 스승(상대)의 조언에 귀를 열고 수용하는 겸허한 자세와 넉넉한 마음이 필요하며 그러한 상대가 절실하다.

무화과나무 열매는 수치질, 탈항 등의 항문병에 좋고 열매를 딸 때의 진액은 사마귀, 치질에 약효가 있다. 7~9월의 무화과 잎을 햇볕에 말려 목욕제로 쓰기도 하는데 신비의 과일이 담고 있는 묘미가 있다.

A형에서 최상의 상대	B형에서 최상의 상대
父 B형 + 母 AB형 = A형 父 AB형 + 母 B형	父 B형 + 母 A형 = B형

O형에서 최상의 상대	AB형에서 최상의 상대
父 A형 + 母 A형 = O형 父 A형 + 母 O형 父 B형 + 母 B형 父 O형 + 母 A형	父 B형 + 母 AB형 = AB형 父 AB형 + 母 B형

● B형 바(父 AB형 ↔ 母 B형)

불요불굴(不撓不屈)(論語)형 : 어려움에도 한번 품은 뜻이나 결심은 흔들림이나 굽힘없이 지탱함.

현실과 비현실의 괴리감으로 고민하는 AB형 부친을 잘 보필하는 모친을 두었다면 그 합리성을 본받아 개성이 빛날 수 있는 유형이다. 세련된 면모로 주변의 시선을 끌며, 연애와 결혼은 별개라는 의식이 짙어 자주 이성이 바뀌면 정력을 낭비할 소지가 있다. 까다로운 체질임에도 관리가 잘 되지 않아 큰 병을 간과하는 수가 있다.

지적능력과 흐름을 꿰뚫는 직감력은 타의 추종을 불허하며 창의력을 발휘한다. 상대를 택함에 있어서도 외형에 치중하는 경향이 짙어 자칫 상대의 내면을 놓치는 실수를 범할 수 있다. 한번 잘못 선택한 실수로 평생을 두고 후회하게 될 수 있으므로 때를 맞추어 상대를 찾기 위해서는 좀 더 진실한 자세로 마음의 문을 열어야 할 것이다.

목련꽃이 피기 전에 꽃봉오리를 따다 그늘에 말려 하루에 5~10g을 달여 먹으면 축농증에 효과가 있으며 감기와 두통에도 좋다.

A형에서 최상의 상대
父 B 형 + 母 AB형 = A형
父 AB 형 + 母 B형

B형에서 최상의 상대
父 A 형 + 母 AB형 = B형
父 B 형 + 母 A형

O형에서 최상의 상대
父 A 형 + 母 B 형 = O형
父 B 형 + 母 A형

O형에서 무난한 상대
父 O 형 + 母 O 형 = O형

AB형에서 최상의 상대
父 B 형 + 母 AB형 = AB형
父 AB 형 + 母 B형

● B형 사(父 A형 ↔ 母 AB형)

물실호기(勿失好機)형 : 이해득실을 중시하고 기회가 오면 절대 놓치지 않는다.

이런저런 궁리로 이해득실을 따지다 보면 정신적인 스트레스를 자초하고, 결론을 내리는데 완급 조절과 경중에 서투른 면이 있어 손해를 본다.

임기응변에 능한 것은 장점이지만 즉흥적인 면과 완벽한 상대를 추구하는 이중성에 주변이 피곤하다. 결혼 상대를 선택할 때 부모와 같은 혈액형 구조는 2세에게 선천성 질환을 대물림 할 수 있으므로 이 점에 유의해야 한다. 철저한 체질 관리로 육장육부의 손실을 막고, 수시로 정신적인 휴식을 취해야 한다.

차가운 신장, 요통, 신경통, 류머티즘을 앓고 있다면 6월의 겨자씨를 그늘에 말려 분말한 것을 거즈에 붙여 환부에 온 습포하면 좋은 효과를 볼 수 있다. 어린 싹을 떫은맛을 뺀 후 나물로 무쳐 먹으면 소화촉진에 좋다.

A형에서 무난한 상대
父 A형 + 母 A형 = A형
父 O형 + 母 AB형
父 A형 + 母 AB형
父 AB형 + 母 O형

B형에서 최상의 상대
父 O형 + 母 B형 = B형
父 O형 + 母 AB형
父 AB형 + 母 B형

O형에서 최상의 상대
父 A형 + 母 B형 = O형
父 B형 + 母 A형
父 B형 + 母 B형

AB형에서 최상의 상대
父 A형 + 母 AB형 = AB형
父 AB형 + 母 A형

AB형에서 무난한 상대
父 A형 + 母 B형 = AB형
父 B형 + 母 A형

● B형 아(父 AB형 ↔ 母 A형)

특립독행(特立獨行)형 : 세속을 따르지 않고 스스로 믿는 바를 따라 소신 대로 진퇴함.

카멜레온 처럼 환경 적응 능력이 뛰어나 외적인 요인에서 오는 질병에 저항력이 강하다. 그러나 모친의 체질을 닮았다면 위장병 등의 내장 질환을 조심해야 하고, 부친을 닮았다면 면역계와 신경계를 조심해야 한다.

개인주의와 자신의 주장을 굽히지 않는 성격으로 팀워크가 중요한 조직에서 고립될 수 있으며 그에 따른 사건을 저지를 수도 있다.

A형에서 무난한 상대
父 A형 + 母 A형 = A형
父 A형 + 母 AB형
父 B형 + 母 A형
父 O형 + 母 AB형
父 AB형 + 母 O형

B형에서 최상의 상대
父 O형 + 母 AB형 = B형

O형에서 최상의 상대
父 A형 + 母 O형 = O형
父 O형 + 母 A형

AB형에서 최상의 상대
父 B형 + 母 AB형 = AB형
父 AB형 + 母 B형

무난한 상대보다는 완벽한 짝을 이룰 수 있는 최상의 상대가 좋으며 외 곬수적인 예술성을 살려 자유롭게 펼칠 수 있도록 배려하는 상대를 찾아야 한다. 너무 과로하거나 알콜로 인해 간이 나빠져서 눈이 상했을 때 또는 변 비, 더부룩한 장, 자양강장에 결명자차를 상식하면 좋다.

이 혈액형의 유형은 다른 혈액형에 비해 최상의 커플을 찾기가 쉽지 않다.

● B형 자 (父 B형 ↔ 母 B형)

산계야목(山鷄野鶩)형 : 산 꿩과 오리처럼 강한 천성으로 길들이기 어려 운 유형.

전후좌우가 분명하고 튀어 보이고 싶은 욕구, 강한 개성, 호기심, 순발 력, 기발한 아이디어 등 장점이 많으나 본인이 선호하는 기호 식품만 먹는 편식은 건강의 불균형을 초래해 체질관리에 큰 차질을 가져온다.

상대를 배려하는 미덕이 부족하고 경거망동한 언행으로 주변에 혼란을 야기하기도 하기 때문에 이를 보완해 줄 수 있는 차분하고 매사에 신중한 상대를 선택해야 성공의 기반을 다질 수가 있다.

체질관리 또한 잘 해낼 수 있어야 한다. 부모의 유전자와 기질을 물려받 아 길들이기가 매우 어렵지만 잘 보살펴 길들이기를 게을리 하지 않는다면 에너지를 쏟은 만큼 능력이 출중한 명마(名馬)가 된다.

측백엽을 하루에 10~15g을 달여 먹으면 설사나 거친 피부, 땀띠, 습진 등 에 좋다. 측백엽 씨앗을 채집해 햇볕에 말려 냄비에 볶아 가루로 낸 것을 공복에 상식하면 자양강장제가 된다.

A형에서 최상의 상대
父 A형 + 母 B형 = A형
父 A형 + 母 O형
父 B형 + 母 A형
父 O형 + 母 A형

B형에서 최상의 상대
父 A형 + 母 B형 = B형

B형에서 무난한 상대
父 B형 + 母 A형 = B형
父 B형 + 母 O형
父 O형 + 母 B형

O형에서 최상의 상대
父 A형 + 母 O형 = O형
父 B형 + 母 O형
父 O형 + 母 B형
父 O형 + 母 O형

AB형에서 무난한 상대
父 B형 + 母 AB형 = AB형
父 AB형 + 母 B형
父 AB형 + 母 AB형

● B형 차 (父 AB형 ↔ 母 AB형)

현군고투(懸軍孤鬪)형 : 후방과의 연락도 없이 적지에 들어가 원군 없이
싸움.

잔병치레가 많은 유형이다. 부모의 영향과 본인의 강한 자의식, 주위를
이끄는 통솔력 등으로 분위기 메이커가 되면 상대에게 상처를 주고도 가책

을 느끼지 못하는 성향과 솔직하지 못한 면이 구설수나 시기의 대상이 되어 주변으로부터 오해를 받을 수 있다.

공해 시대의 체질관리는 환경오염을 줄이는 것이 최선이지만 속을 끓이거나 화병에 대한 마땅한 대책은 친환경적인 먹을거리와 체질별 맞춤식을 생활화하는 길이 현명하다.

산초 또는 진피, 젬피라고 불리는 초피나무 열매꼭지와 씨앗을 빼고 열매껍질만을 천초라고 하는데 이것을 넣고 된장국을 끓이거나 미지근한 물과 함께 먹으면 스트레성 소화불량, 위통, 식욕부진, 치통에 효과가 있다.

A형에서 최상의 상대
父 A 형 + 母 AB형 = A형
父 B 형 + 母 AB형
父 AB 형 + 母 A 형
父 AB 형 + 母 AB형

A형에서 무난한상대
父 A 형 + 母 A 형 = A형
父 B 형 + 母 A 형

B형에서 최상의 상대
父 A 형 + 母 B 형 = B형

B형에서 무난한상대
父 B 형 + 母 A 형 = B형
父 B 형 + 母 O 형
父 B 형 + 母 AB형
父 O 형 + 母 B 형
父 AB 형 + 母 A 형
父 AB 형 + 母 AB형

O형에서 최상의 상대	AB형에서 최상의 상대
父 A형 + 母 A형 = O형	父 B형 + 母 AB형 = AB형
父 B형 + 母 O형	父 AB형 + 母 B형
父 B형 + 母 A형	父 AB형 + 母 AB형
父 A형 + 母 O형	
父 O형 + 母 A형	

AB형에서 무난한 상대
父 AB형 + 母 A형 = AB형
父 A형 + 母 B형
父 A형 + 母 AB형
父 AB형 + 母 AB형

● B형 카 (父 O형 ↔ 母 AB형)

수처작주(隨處作主)형 : 어디든 가는 곳마다 거기에 있는 일들을 수수방관하지 않고 자신의 일인 듯 보살핌.

상당한 열 체질로 변덕스럽고 싫증을 잘 내며 신경질이 많다. 실질적인 질병보다는 지나친 건강 염려증으로 오히려 건강을 해칠 우려가 있다. 비교적 건강한 편이지만 잔걱정이 많아 스트레스를 자초한다.

치밀함과 정확한 분석력은 실력을 인정받기에 충분하지만 물질이나 금전에 너무 집착하는 편이라 마음에서 우러나온 배려에도 불구하고 돈 때문이라는 오해를 받을 수 있다. 상대의 약점을 너무 자극하거나 편 가르기에 앞장서는 일은 자제해야 한다.

　가을에 쥐오줌 풀을 캘 때 뿌리를 그늘에 말려 소량(5g 미만)을 뜨거운 물에 넣어 우려낸 첫물은 버리고 두 번째 물을 식혀 공복에 상식하면 히스테리, 신경과민, 심신안정 등에 진정 효과가 있다.

A형에서 최상의 상대
父　B형 + 母　A형 = A형

B형에서 최상의 상대
父　A형 + 母 AB형 = B형
父　B형 + 母　O형
父 AB형 + 母　A형

O형에서 최상의 상대
父　A형 + 母　A형 = O형
父　A형 + 母　O형
父　B형 + 母　B형
父　O형 + 母　A형

AB형에서 최상의 상대
父　A형 + 母　B형 = AB형
父　B형 + 母　A형
父　B형 + 母 AB형
父 AB형 + 母 AB형

A형에서 최상의 상대
父　A형 + 母 AB형 = A형
父 AB형 + 母　A형

● B형 타(父 AB형 ↔ 母 O형)

분골쇄신(粉骨碎身)형 : 뼈가 가루가 되고 몸이 부서지도록 노력한다.

경쟁심에 불탄 나머지 동분서주하게 되고, 생활 리듬이 엉망이 되어 그로인한 불면증과 식욕부진 등의 부작용을 겪는다. 인간관계에서 양보심과 유연함이 결여되어 부러지기 쉬운 체질(괴질 병)이다.

마음먹은 것은 반드시 이루어 내는 신중한 노력파로 잔재주가 많다. 한가지 주의해야 할 점은 잔머리가 좋다는 평가를 받기보다는 성실하다는 평가를 받도록 노력해야 하고, 명품으로 자신을 치장하는 일은 신뢰를 얻는데 오히려 역효과를 가져온다. 자제하는 것이 현명하다.

작약과 감초를 각각 3g씩 넣고 끓여 작약 감초탕을 만들어 마시면 부인과 질환이나 담석통, 위경련, 신경통에 좋다.

A형에서 최상의 상대	A형에서 무난한 상대
父 A형 + 母 B형 = A형	父 A형 + 母 AB형 = A형
父 B형 + 母 A형	父 AB형 + 母 A형

B형에서 최상의 상대	B형에서 무난한 상대
父 B형 + 母 O형 = B형	父 A형 + 母 B형 = B형
	父 B형 + 母 A형
	父 B형 + 母 B형
	父 AB형 + 母 A형

O형에서 최상의 상대
父 A형 + 母 A형 = O형
父 B형 + 母 B형
父 B형 + 母 O형
父 O형 + 母 B형

AB형에서 최상의 상대
父 A형 + 母 B형 = AB형
父 B형 + 母 A형

AB형에서 무난한 상대
父 A형 + 母 AB형 = AB형
父 AB형 + 母 A형
父 AB형 + 母 B형
父 B형 + 母 AB형
父 AB형 + 母 AB형

B형의 장·단점

	장 점	단 점
B형	• 자신을 소중히 여김 • 흥미를 느끼는 일에는 집중하는 노력 • 한 가지 우물을 파는 형 • 쓸데없는 일에 에너지를 소모하는 일이 적음 • 자유롭고 진보적인 사고방식을 소유 • 무슨 일이든지 소화를 해내는 유능한 사람 • 창의적이며 다방면에 재능을 발휘 • 능력과 유머를 보유 • 대인관계를 잘하는 매력적인 사람	• 애매모호한 이론에 치중해 중요한 시기를 놓치기도 함 • 감정의 기복이 심해 다툼이 있음 • 기분에 따라 제멋대로인 때가 있어 주변을 힘들게 할 때가 있음 • 솔직한 면은 상대를 당황하게 만들기도 함 • 불량하다는 평가와 함께 윗사람에게 오해의 소지가 많음

7

O형의 기본적인
체질과 기질

O형의 기본적인 체질과 기질

매사에 대담하고 의리를 중시하며 낙관적인 O형은 한마디로 보
스형 체질과 기질을 지녔다. 저돌적인 면모는 O형으로
부터 인류가 시작되었기 때문이라고 말해도 무리는 아닐 것이다. 또한 O형
은 원형을 그대로 기억하는 기억력이 뛰어나다.

새로운 타입의 음식보다는 고향의 맛과 어머니의 손맛과 같은 익숙한 것
을 선호하는데 이것은 원형 그대로의 것을 추구하는 가치관에서 나온 기질
이기도 하다. 체질에 좋은가, 나쁜가는 O형에게 두 번째 문제이다. O형은
언제, 어디서, 누구와, 무엇을, 어떻게를 근거로 확실한 이해득실을 따져 별
소득이 없다는 판단을 내리면 '내가 언제 그런 약속을 했느냐?'고 시침을
떼기도 한다.

자신의 전문성과 일치가 되면 왕성한 호기심을 보이지만 그 외의 일에는
어이없이 무관심해지고 소심해지며 심지어는 무기력해 지기도 한다. 이것
은 실패에 대한 두려움이 지배적이기 때문으로 해석된다.

자타가 공인하는 바이오 산업체를 이끌어 가는 씩씩하고 호탕한 성격을

지닌 O형의 오너가 있었다. 시대가 요구하는 바이오 벤처의 메카라 불리는 이 기업은 연구소를 설립하는 중 연구소 소장 자리를 나에게 제안해 왔다. 나는 심사숙고 끝에 수락했고 연구소 인테리어를 비롯한 장비 준비 등으로 연구소는 적잖은 비용을 쏟아 연구소 개관에 열을 내고 있었다.

인테리어가 끝난 후 연구소 입주를 수개 월 기다렸지만 도무지 연구소 측에서 반응이 없었다. 자신 있게 함께 하자고 말해 놓고 막상 개원을 하자니 기업 내의 연구진과 마찰이 생긴 때문이었는지, 믿음직한 외모와 유창한 언어구사로 누구를 만나든 협상 테이블에서 'Yes'를 받아내던 오너의 의기양양한 모습은 찾아볼 수 없었다. 결정해 놓고 진행하는 일에 심한 갈등을 보이는 나약한 O형의 이중성이 드러나는 순간이었다. 父B형과 母B형의 O형 나 유형이 떠오르기도 했고, 父O형과 母B형의 O형 라 유형을 떠올려 보기도 했다.

같은 O형이라도 부모의 영향, 자라온 환경, 후천적인 사회의 영향, 먹고 자라난 음식 등에 따라 달라지는 것이 체질학이라는 것을 확실히 느낀 사건이었다. 그러한 유형의 사람들에게 충고를 하자면 일을 결정할 때 상대의 입장을 고려하고 배려하는 의미에서 좀 더 신중하게 일을 컨트롤 하는 세련됨과 도덕성을 갖춰 덕을 쌓아야 한다는 것이다.

다른 사례를 통해 O형의 기질을 알아보자.

내 친구는 사업을 하는 관계로 O형의 친정어머니에게 아이를 맡겨야 했다. 그러던 어느 날 집에 가보니 애지중지 하던 강아지가 죽어있었다. 매사에 세심하게 살피지 않는 어머니의 성격 때문에 강아지가 죽은 것이었다. 사연을 들어보니 친구의 어머니는 강아지가 아파 보여 설명서를 읽지도 않고 '약이 다 똑같지' 하는 생각으로 아이의 폐렴 중증 처방약을 강아지에게 먹였다는 것이었다. 약의 양을 조절하지도 않았으니 당연히 강아지는 약물

중독으로 죽을 수밖에 없는 일이었다. 옳고 그름을 판단하기 이전에 자신의 주장과 아집으로 고생을 사서 하는 O형의 결점이 드러나는 사건이었다.

MBC 주말극 〈제5공화국〉이 방영되고 있을 때였다. 드라마의 전반부에서 J 대통령이 '인간미와 카리스마 넘치는 인물'로 그려지는 것에 대해 약 8,000여 명의 네티즌들이 다양한 반응을 보여 화제가 되기도 했었다. '카리스마 있고 멋지다!'에 동질감을 표현한 사람들은 그가 특유의 리더십과 의리로 자신을 둘러싼 지인들의 경조사에 누구보다도 앞장서서 챙기는 인간적인 면을 생각했을 것이다. 그런가 하면 '왜 호감 가는 인물로 묘사하느냐'며 반기를 드는 쪽도 있었다.

이렇게 민감한 반응을 보이는 사람들의 이면에는 체질학과 혈액형 인간학이 연결되어 있다. 실제로 O형으로 알려진 J 대통령은 그 특유의 배짱으로 2004년 재판정에서 '나의 재산은 29만 원 뿐이다'라고 말해 온 국민이 실소를 터트리게 만들기도 했다.

같은 O형인 미국의 42대 대통령 빌 클린턴이 르윈스키와의 섹스 스캔들 때 '왜, 그랬는가?' 하는 재판장의 물음에 '할 수 있으니까 했다'라고 말한 답변과 맞먹는 수준의 강한 자아의식이다. 그 사건은 역대 대통령들의 10번째 실책으로 기록(美 켄터키 주, 루이빌대학교의 리더십 연구 기관의 학술대회 발표)되기도 했다.

'어떻게 되겠지', '될 되로 되라' 식의 심리는 어느 혈액형도 흉내 낼 수 없는 특성일 것이다. 그러나 O형 가운데서도 긍정적인 온건파는 존재하기 마련이고, 견고하면서도 서비스 정신이 강해 시원시원하고 넓은 포용력을 가진 면모도 있다. 단, 불타는 투쟁심으로 불화를 일으키고 편 가름을 조장하는 일은 하지 않는 것이 좋다.

O형의 혈액형이 화 체질, 금 체질이면서 마르고 열이 많은 체질이라면

푸른 잎 채소에 멍게, 해삼을 넣은 김치를 짠듯하게 담아 적당히 익혀 겉절이 형태로 상식하면 급하고 덜렁대며 열이 나는 체질 개선에 도움이 될 것이다. 이러한 체질의 어린이에게 우유나 유제품, 육식 등은 간담이 약한 반응으로 알레르기의 원인이 된다. 우유는 영양학적으로는 완전식품으로 인식 되어 있으나 나이가 들수록 체내 흡수가 불완전한 체질의 경우 몸 밖으로 밀려 나오는 강한 독성물질이 각종 원인 균, 박테리아, 알레르기의 원흉이 되고, 성인에게는 당뇨, 고혈압, 심장병, 중풍, 고지혈증, 천식을 일으키는 요인(장복 할 경우)으로 작용한다.

O형의 식생활 기본 패턴

체질에 이롭거나 해로운 것과 상관없이 고향의 맛, 어머니의 손 맛에 길들여진 미식가일 가능성이 크며, 실용성을 따른 다. 음식, 생활, 비즈니스 등에 있어 친구, 가족, 이웃을 자신의 스타일에 맞 추려고 하는데 O형의 가장 못 말리는 단점이다.

실용성을 위주로 생활하는 경우 인공으로 가공하거나 길러진 것을 비판 없이 먹게 되는 경우가 많다. 가급적 먹는 횟수를 줄여서 섭취하는 것이 상 책이다. 더구나 신종 바이러스 O-157, 광우병, 브루셀라, 사스, 셀리악, 조 류독감 등 인간과 짐승 모두에게 걸리는 질병에 별다른 대책이 없는 시대 이니 만큼 스스로 꼼꼼히 살펴 유기농을 생활화해야 할 것이다. 육류나 가 금류를 섭취해 왜곡되거나 질병에 노출 된 체질을 만들지 않아야 하고, 애 완동물 또한 인간과 질병을 주고받을 수 있으므로 주의해야 한다.

O형에게 이로운 음식 · 해로운 음식

	이로운 음식	해로운 음식	보통
어패류	멸치회, 전복, 전어, 대구, 청어, 고등어, 정어리, 줄무늬 농어, 가리비 조개류, 홍합, 대합, 재첩	민물장어, 바다장어, 미꾸라지, 메기, 훈제연어, 문어, 소라	아귀, 잉어, 게, 오징어, 굴, 달팽이, 민어, 가자미, 청어
육 류	돼지고기, 염통, 간	베이컨, 햄	거위, 오리고기, 칠면조
콩 · 씨앗 견과류			
채소류	브로콜리, 치커리, 케일, 냉이, 파슬리, 고구마, 시금치, 명일엽, 기타 녹즙 재료	붉은 고추, 붉은 양배추, 옥수수, 표고버섯, 콜리플라워, 겨자잎, 감자, 강황(카레)	죽순, 당근, 비트, 샐러리, 오이, 대파, 숙주, 애호박, 두부, 다시마, 토마토, 아스파라거스, 미역, 고사리
곡 류	할맥, 흑색 발아미, 팥, 동부, 얼룩 강낭콩, 율무	붉고 흰 강낭콩, 옥수수 머핀, 통밀빵, 글루텐밀가루, 귀리가루, 시금치 파스타, 소맥분, 잡곡 빵	글루텐제거 빵, 순호밀빵, 찹쌀 떡, 현미빵, 보리가루, 호밀가루, 쌀 케익, 검정콩
기름 유제품	호박씨, 호두, 올리브유, 아마인유	모든 치즈, 염소 젖, 각종 요쿠르트, 고 · 저지방 우유, 파스타치오, 옥수수유, 홍화유, 면실유	두유, 밤, 참깨
과일류			

어패류가 O형에게 미치는 파동학적 결과

민물장어는
강한 기운(양 기운)을 가지고 있으며, 횡파를 일으켜 움직인다. 남성들의 정력에 좋다고 해서 꽤 비싼 돈을 치루며 먹는 사람들이 많다. 내부에 양기를 잔뜩 품고 있는 장어, 메기, 미꾸라지 같은 비늘이 없는 어류는 허약한 폐와 대장의 기능을 돋우는 효능이 있기 때문에 A형과 B형의 목 체질에게 알맞은 식품이다. 그러나 파동학적으로 볼 때 횡(사선)으로 움직이는 어류(게, 가재 등)는 다소 부정적이며 변화무쌍한 에너지(氣)를 품고 있기 때문에 사람의 몸에 흡수되었을 때 어떠한 에너지로 변화될지 모르는 묘한 에너지를 갖고 있다.

오랜 옛날부터 궁궐의 전문의나 식의사들의 교과서로 쓰인 의서《방약합편》에서 금하는 식품을 보면 돼지고기(특히 물에 떠오르는 것)와 고기에 붉은 점이 있는 것, 비늘이 없는 눈이 붉은 생선, 눈을 감은 생선과 발을 못 펴는 조류 등을 구리그릇(방짜 놋쇠 그릇)에 담았을 때 땀방울이 맺히는 것은 매우 해롭다고 하여 금하였다.

말라카이트 그린이 첨가된 어류와 육류는 암과 신체 기형을 일으키는데 얼마 전 중국산 수입 어류와 중국에서 30여 명 이상의 목숨을 빼앗아간 돼지고기가 국내에 유통된 후 적발돼 당국의 행정을 꼬집는 뉴스가 각 언론에서 터져 나오기도 했다.

오늘을 예견한 성경의 레위기 11장 9~10절에는 "강과 바다와 물에 있는 모든 것 중 너희의 먹을 만한 것은 지느러미와 비늘 있는 것을 먹되 지느러미와 비늘이 없는 것은 너희에게 가증한 것이니라.", "토끼 고기와 돼지 고기도 부정한 에너지를 가진 짐승"이라고 명시하고 있다. 성경 역시 사람의 생, 노, 병, 사에 관한 정보와 의식을 의도적으로 명시하였고, 이를 사람들에게 전하려는 의식이 담겨있다.

스님들의 식단에는 왜 육식이 없는가? 육식이 우리의 정신계와 체질에 미치는 영향, 그 상관 관계를 단지 종교관의 차이와 과학이 미처 발달하기 전 시대의 말이라고 해서 가볍게 간과하고 넘어갈 일이 아니다. 왜 그들은 경전에 그러한 말을 써넣은 것일까? 의성 손사막 선생이 자신의 책에 오늘날 우리의 식단을 왜 염려했는지 다시 한번 새겨 볼 일이다.

강낭콩에 함유된 렉틴 성분은 근육 조직에 침전되어 대사 곤란을 부추기는 요인이 된다고 Dr.다데모는 증언했다. 또한 양배추, 겨자 잎은 O형에게 갑상선 호르몬 분비를 방해하는 원인이 된다. 또 옥수수와 밀 글루텐은 인슐린 효능을 방해해 대사 속도를 늦추어 O형의 비만을 부추긴다. 이렇게 각각의 식품들은 체질과 병증에 따라 그 성분과 성질(메커니즘)이 약이 될 수도 있고, 독이 될 수도 있다는 것을 인식하고 섭취해야 한다.

보리나 밀, 옥수수 등 곡류에 들어 있는 글루텐 성분은 껌을 만들 수 있을 정도로 점성이 강하다. 셀리악(면역결핍성인병)이라는 신종병을 일으키는 주 요인으로 소장의 융털을 망가지게 하는 질병으로 밝혀졌는데, 이 병에 걸리면 골다공증 → 저 체중 → 면역력 저하로 진행되면서 결혼도 할 수 없는(키스만 해도 면역계를 침범함) 결과를 가져온다는 결론이 보고된 바 있다. 특히 빵이나 밀가루 음식을 좋아하는 사람은 이 점에 유의해 편중된 식습관을 고쳐 나가야 한다.

더불어 제과업에 종사하는 사람들과 CEO들은 더 많은 연구로 사람을 이롭게 하는 먹을거리를 제공하는 양심 있는 기업가로 거듭나야 할 것이다. 영국에서 약 30만 명에 가까운 환자가 보고된 바 있다. 아침 밥상을 빵과 우유로 대체하는 젊은이들 자신의 습관을 반성해 볼 일이다.

떡은 우리의 전통 음식 중에 으뜸가는 음식이다

떡을 만들 때 사용하는 재료로는 주로 찹쌀을 많이 사용한다. 찹쌀은 시멘트가 없던 옛날 중국의 만리장성과 고대의 토루 흙집을 지을 때 본드나 풀의 역할을 대신 했을 만큼 끈끈한 점성을 가지고 있다. 이 끈끈이는 사람의 내장에 들어갔을 때 소화를 방해하고 칼로리 소모를 감소시킨다는 단점을 가지고 있다. 그래서 떡을 먹고 난 다음 위가 더부룩하고 생목이 올라오는 느낌을 한 번쯤 경험해 보았을 것이다. 떡의 이러한 특징 때문에 간혹 떡을 먹다가 사망하는 사고가 일어나는 것이다.

장 속에 머물고 있던 끈끈이 떡은 시간이 지나면서 이상 발효를 일으키고, 아랫배를 늘리는 역할을 한다. 특히 O형의 화·금 체질은 양의 체질로 찹쌀 기운이 맞지 않는다.

떡도 체질별(혈액형별)로 만들어야 진정한 먹을거리로 거듭날 수 있다

2005년 3월 일본에서 제 30회 국제 식품 음료전(FOODEX)이 열렸다. 한국관에는 87개의 농산물 업체와 19개 수산물 업체가 참가했는데, 한류의 열기 때문이었는지 일본 기자들이 서투른 한국말로 우리의 먹을거리에 대해 질문을 해왔다고 한다. 한국관에는 현미 찹쌀떡에 각종 고물을 버무린 '향미색 단자', 인삼 꿀 소스를 양상추와 배, 오이 등과 함께 무친 '수삼꿀 소스 무침' 등의 다양하고 이색적인 떡이 전시되었다.

요즘 유명한 대학가에는 '퓨전 떡 카페'가 등장해 '조각떡', '궁중 떡볶음', '가래떡 구이', '떡 샐러드'가 주목받고 있는가 하면, 강남의 한 레스토랑에서는 '조랭이 떡 스파게티', '코코넛 단자', '김치말이 떡' 등으로 퓨전 요리의 맛을 대중에게 전하고 있다고 한다.

한때는 떡 하면 서울의 인사동이 유명했지만 지금은 많이 사라져, 몇 몇 떡집만이 남아 그 명맥을 유지하고 있는 상황이다. 다행히도 온라인상에 녹차와 찰떡, 홍삼과 찰떡, 새싹과 찰떡, 발아현미 찰떡 등 튀는 아이템을 선보이는 떡집이 속속 등장하고 있다. 그러나 그 떡이 모든 체질을 위해 만 들어진 떡이 아닌 점은 아쉬움으로 남는다. 떡뿐만 아니라 상업화된 모든 먹을거리의 단점이 바로 대량 생산과 공급의 이익만을 위해 다양한 인간의 체질을 전혀 고려하지 않고 있다는 점이다. 그러한 구조 속에서 우리 소비 자들은 돈을 쓰고, 체질(몸)을 버리는 피해자가 되고 있다. 사회 병리화 현 상은 바로 이러한 현상들이 아니겠는가? 문명의 발전과 함께 인간 개인을 위한 먹을거리 또한 발전이 이루어져야 한다. 인간을 위한 올바른 맞춤 먹 을거리가 시급하다.

O형에게 좋은 약선 요리

우초 연자육 표고팥밥

재료 : 연자육(우초 가시연꽃 열매 말린 것) 반 컵, 말린 표고버섯 약간(화 · 금 체질의
사람에게 잘 맞는 음식이다. 중국산 주의), 팥 반 컵, 흑미 멥쌀 1컵, 녹색 현미
찹쌀 1/4컵

〈만드는 방법〉
1. 우초, 연자육의 싹에는 독성이 있으므로 반으로 갈라 싹을 떼어 낸다. 5~6시간 정
   도 소금물(천일염)에 불렸다가 물기를 빼고 마지막 불린 물은 보관해 둔다.
2. 딱딱한 팥은 농약 성분이 남아 있을지 모르므로 소금물에 불렸다가 알갱이가 무
   르지 않을 정도로 삶고, 삶은 물은 보관해 둔다.
3. 표고버섯을 소금물에 잘 씻어 30분간 물에 불려 건져 둔다.

4. 현미 멥쌀과 현미 찹쌀을 1~2시간 전에 소금물에 불린 후 물기를 빼 놓는다.
5. 위의 재료를 넣고, 보관해 둔 연자육 삶은 물과 팥 삶은 물로 밥을 한다.

　모든 O형에게 좋은 약선 요리이나 특히 O형의 화·금 체질이 한 달에 3~4번 정도 먹으면 심장과 신장의 기능을 돋궈주고 식욕이 나게 한다. 요실금에도 좋으나 장 내에 가스가 많이 차는 사람은 삼가 하는 것이 좋다. O형이 육식을 했다면 체질별 차를 마셔 지방이 정체되는 것을 막아야 한다.

● O형 가 (父 A형 ↔ 母 A형)

온유돈후(溫柔敦厚)형 : 마음이 온화하여 온건주의를 지향하는, 비교적 실패 없는 인생이다.

타고난 건강 체질로 절제된 생활을 할 경우 큰 무리 없이 체질이 관리 되는 편이다. O형 답지 않은 착실함으로 원만한 인간관계를 유지하지만 상대의 마음을 읽는 통찰력이 부족한 단점이 있어 믿었던 상대가 떠나는 경우도 있다. 스트레스나 마음에서 오는 부담을 먹는 것(술, 담배, 기호식품)으로 푸는 경우가 많아 체내에 노폐물이 정체되는 부작용을 겪을 수 있다. 결점을 커버해 주는 적극적이고 활달한 배우자를 만나 잠재되어 있는 견실함, 모험심과 추진력을 깨우는 것이 성공적인 인생을 만드는 최선의 방법이다. 직업으로는 세무, 법무, 회계, 은행, 증권사 등과 관련된 곳이 좋다. 장미과인 해당화의 꽃이 피기 전에 매괴화를 말려 술을 만들어 약으로 써도 좋고, 2~5g을 뜨거운 물에 우려 마시면 이로운 약차가 된다.

A형에서 무난한 상대	A형에서 무난한 상대
父 A형 + 母 O형 = A형	父 A형 + 母 A형 = A형
父 A형 + 母 AB형	父 A형 + 母 B형
父 O형 + 母 A형	父 B형 + 母 A형
父 O형 + 母 A형	父 B형 + 母 AB형
父 AB형 + 母 A형	
父 AB형 + 母 B형	
父 AB형 + 母 O형	

B형에서 최상의 상대	O형에서 최상의 상대
父 B형 + 母 AB형 = B형	父 O형 + 母 O형 = O형
父 O형 + 母 AB형	
父 AB형 + 母 O형	
父 AB형 + 母 AB형	

O형에서 무난한 상대	AB형에서 무난한 상대
父 A형 + 母 A형 = O형	父 A형 + 母 AB형 = AB형
父 A형 + 母 O형	父 AB형 + 母 A형
父 O형 + 母 A형	

● O형 나(父 B형 ↔ 母 B형)

점어상죽(鮎魚上竹)형 : 메기가 대나무에 올라간다는 뜻과 같이 난관을 극복해 목적한 바를 이루는 대담무쌍한 유형.

자신의 건강을 지나치게 과신해 술, 담배, 폭식, 야식 등의 악습관을 고치려 하지 않다가 화를 자초하는 유형이다. 자기중심적인 면과 자기과시욕, 요령 피우기 등으로 파란을 몰고 다닐 수 있다.

연예계, 이벤트 진행요원 등 재능과 순발력을 무기로 하는 직업을 선택하면 좋으나 만만치 않은 세계이므로 너그럽지 못하게 상대를 배려하지 않는 등의 행동, 직선적인 표현 등은 자신에게 매우 불리하게 작용한다. 단체생활보다는 활력을 요하는 직장과 직업이 적합하며 양생법을 염두에 두고 체질 관리에 만전을 기해야 육체와 정신이 진정한 건강을 유지한다.

중국의 《도경본초(1058년)》에 나오는 아마의 씨앗을 아마인이라고 하는데 아마인 10g에 물 3컵 반을 붓고 반 정도 졸여 식간에 3회로 나누어 마시면 심신의 균형을 이루는데 좋으며 근육통과 변비에 효능이 있다.

A형에서 최상의 상대
父 A형 + 母 O형 = A형
父 B형 + 母 AB형
父 O형 + 母 AB형
父 AB형 + 母 B형
父 AB형 + 母 O형
父 AB형 + 母 AB형

A형에서 무난한 상대
父 A형 + 母 A형 = A형
父 A형 + 母 B형
父 A형 + 母 AB형
父 B형 + 母 A형
父 O형 + 母 A형
父 AB형 + 母 A형

B형에서 최상의 상대
父 B형 + 母 O형 = B형
父 O형 + 母 B형
父 A형 + 母 B형
父 B형 + 母 A형

B형에서 무난한 상대
父 A형 + 母 AB형 = B형
父 B형 + 母 AB형
父 O형 + 母 AB형
父 AB형 + 母 O형
父 AB형 + 母 A형
父 AB형 + 母 B형

O형에서 최상의 상대
父 A형 + 母 O형 = O형
父 B형 + 母 O형
父 O형 + 母 B형

O형에서 무난한 상대
父 O형 + 母 A형 = O형
父 B형 + 母 B형

이 유형은 자유로움과 자기과시욕, 직선적인 표현 등으로 B형 나 유형과 충돌할 소지가 많아 어느 한 쪽이 양보해야 한다. 양보하는 쪽은 스트레스로 건강을 보장할 수 없어 많은 희생이 필요하다. 최상의 AB형과 무난한 AB형을 찾기는 힘들다.

● O형 다(父 B형 ↔ 母 O형)

삼면육비(三面六臂)형 : 세 개의 얼굴과 여섯 개의 팔을 가진 듯 혼자서 여러 사람의 몫을 해낸다.

혈기가 왕성하고 사소한 일에 목숨을 걸지 않는 인정 많은 보스 형이다. 실패에 대한 두려움이 없어 자신의 고집과 고정관념으로 건강을 돌보지 않는 편중된 라이프스타일로 편식, 폭식 등으로 인한 성인병에 걸릴 위험이 많다. 거절하지 못하는 성품과 주의력 부족으로 믿는 사람에게 발등 찍히는 일이 잦고 구설수에 휘말려 사서 고생을 하는 스타일이다.

과도한 체력 낭비와 스트레스는 탁한 피를 만들고, 심혈관과 혈압 계통의 질병으로 생명이 위태로울 수 있다. 2~3리터의 물에 보리를 넣고 반으로 줄 때까지 끓여 그 물에 레몬을 섞어 상식하면 심신에 안정을 주는 효과가 있다.

A형에서 최상의 상대
父 A형 + 母 A형 = A 형
父 A형 + 母 B형
父 A형 + 母 O형
父 O형 + 母 A형

A형에서 무난한 상대
父 A형 + 母 AB형 = A 형
父 B형 + 母 AB형
父 O형 + 母 AB형
父 AB형 + 母 O형
父 AB형 + 母 B형

B형에서 무난한 상대
父 A형 + 母 B형 = B형
父 A형 + 母 AB형
父 B형 + 母 AB형
父 O형 + 母 AB형
父 AB형 + 母 A형
父 AB형 + 母 B형

O형에서 최상의 상대
父 B형 + 母 B형 = O형

O형에서 무난한 상대
父 O형 + 母 A형 = O형

AB형에서 무난한 상대
父 B형 + 母 AB형 = AB형
父 AB형 + 母 A형
父 AB형 + 母 B형

● O형 라(父 O형 ↔ 母 B형)

용양호시(龍攘虎視)형 : 용이 세차게 날뛰고 호랑이가 노려봄과 같이 기세가 당당함.

삶에 대한 본능과 독불장군의 기질이 강하다. 풍부한 지식은 한번 잡은 일을 크게 성공시키는 추진력에 힘이 된다. 기고만장한 독재주의자가 되기 쉬우며 건강을 지나치게 과신하는 경향이 있어 체질관리에 소홀해지기 쉽다. 이곳저곳 간섭할 곳도 많고, 친구나 연인이 많아 과도한 체력 소모가 염려되는 체질이다.

인간관계에서 오는 심리적 부담이 때로는 심혈관 질환을 부추길 수 있으므로 아무리 고향의 맛이 좋다고 해도 길들여진 음식을 고수하기보다는 누구보다 체질을 고려한 맞춤 체질식으로 몸을 관리할 필요가 있다.

A형에서 최상의 상대	A형에서 무난한 상대
父 A형 + 母 A형 = A형	父 A형 + 母 AB형 = A형
父 A형 + 母 B형	父 B형 + 母 AB형
父 A형 + 母 O형	父 AB형 + 母 B형
父 B형 + 母 A형	父 AB형 + 母 O형
	父 AB형 + 母 AB형

B형에서 최상의 상대		B형에서 무난한 상대	
父 B형 + 母 A형 = B형		父 B형 + 母 B형 = B형	
父 A형 + 母 B형		父 B형 + 母 O형	
		父 O형 + 母 B형	
		父 AB형 + 母 O형	
		父 A형 + 母 AB형	
		父 AB형 + 母 A형	

O형에서 무난한 상대		AB형에서 무난한 상대	
父 B형 + 母 B형 = O형		父 A형 + 母 AB형 = AB형	
		父 B형 + 母 AB형	
		父 AB형 + 母 B형	

● O형 마 (父 A형 ↔ 母 B형)

낭중지추(囊中之錐)형 : 주머니 속에 있는 송곳이 예리한 끝으로 주머니를 뚫고 나오듯 소망과 역량이 있는 사람은 어떤 환경에서든 재능을 발휘한다.

체질에 맞지 않아도 입에 맞는 먹을거리와 분위기에 휩쓸리기 쉽고, 상대를 의식해 편식을 자처한다. 그래서 난치병에 걸려 식이요법을 써야할 경우 심한 어려움이 따른다.

서로 상반된 체질을 가진 부모의 영향으로 인내심과 배려, 추진력을 고루 갖추고 있어 시궁창에서도 연꽃을 피울 수 있는 인재라는 평가를 받는다. 구속 받는 것을 싫어하며 항상 새것을 소망하며 내부의 콤플렉스와 외부에서 오는 괴로움이 충돌해 부정적으로 발산하기 쉽다. 위아래 없이 타인에게 서슴없이 가르치려는 무례함이 있어 주변과 상대를 불안하게 하는 경향이 있다.

차분하고 성숙한 사람이 되기 위한 훈련과 노력을 게을리하지 말아야 하며 심의학을 연구하면 좋다. 올리브유에 레몬주스(포도주스 원액)를 반씩 섞어 마시고 1시간 동안 꼼짝 하지 않고 누워 있으면 간 클리닉의 효과 및 담석을 분해하는 효과와 부정적인 감정을 다스리는 데 좋다.

A형에서 최상의 상대
父 A 형 + 母 O 형 = A형
父 O 형 + 母 A 형
父 A 형 + 母 A 형
父 A 형 + 母 B 형
父 B 형 + 母 A 형

A형에서 무난한 상대
父 A 형 + 母 AB형 = A형
父 AB 형 + 母 A 형
父 AB 형 + 母 B 형
父 B 형 + 母 AB형
父 AB 형 + 母 O 형

B형에서 최상의 상대
父 B 형 + 母 AB형 = B형
父 O 형 + 母 AB형
父 AB 형 + 母 O 형

B형에서 무난한 상대
父 AB 형 + 母 AB형 = B형
이 유형은 부부로 만났을 때 2세가 질병 관리가 어려운 무척 까다로운 체질이 될 소지가 많다.

208

O형에서 무난한 상대
父 O형 + 母 O형 = O형
父 A형 + 母 B형
父 B형 + 母 A형

첫째 유형은 자기과시욕과 주장이 강해 O형 마 유형과 합심하기에는 다소 무리가 따른다.

AB형에서 무난한 상대
父 A형 + 母 AB형 = AB형
父 AB형 + 母 A형
父 B형 + 母 AB형
父 AB형 + 母 B형

● O형 바(父 B형 ↔ 母 A형)

수사지주(隨絲蜘蛛)형 : 바늘에 실이 따라가듯 늘 함께 하며 소임을 다하는 참모형이다.

휴식이 보약인 유형으로 심신이 바쁘게 몰아치는 일을 자제해야 한다. 출장 업무나 시간에 쫓기는 일은 체질과 체력 관리가 힘들어 단명할 소지가 있다. 세심함과 독선적인 면이 있고, 주변을 자신의 틀에 묶어두려 하는 옹고집 때문에 스스로 스트레스를 부추긴다.

상대가 싫어지면 하루아침에 냉정해지는 비정함도 내재되어 있다. 견고하고 성실한 면은 모친의 유전적 영향일 수 있는데 리더와 참모의 두 가지 역할도 거뜬히 해낸다. 꼼꼼한 기질이라면 IT정보 벤처 산업과 시스템 엔지니어링, 건축설계사 등에 역량을 쏟아 부으면 충분히 성공을 거둘 것이다. 그러나 과욕은 금물이다. 이 유형은 티눈이나 종기(종양)가 잘 생길 수 있다. 티눈이나 종기에 신선한 레몬 조각을 밤새 붙여두기를 반복하면 환부가 노골노골해 지면서 티눈이나 종기가 사라진다.

A형에서 최상의 상대
父 A 형 + 母 A 형 = A형
父 A 형 + 母 B 형
父 B 형 + 母 A형

A형에서 무난한 상대
父 AB 형 + 母 B 형 = A형
父 AB 형 + 母 AB형

B형에서 최상의 상대
父 A 형 + 母 B 형 = B형
父 A 형 + 母 AB형
父 B 형 + 母 A 형
父 AB 형 + 母 B형

B형에서 무난한 상대
父 AB 형 + 母 AB형 = B형

O형에서 무난한 상대
父 A 형 + 母 B 형 = A형
父 B 형 + 母 A형
父 O 형 + 母 O형

AB형에서 최상의 상대
AB형에서 최상과 무난한 상대는 찾기 어려움

● O형 사(父 A형 ↔ 母 O형)

원전활탈(圓轉滑脫)형 : 말과 일에 모가 나지 않고 여러 가지 수단을 써서 원만하게 헤쳐 나감.

　부모의 혈액형 조합으로 볼 때 전형적인 O형의 체질을 지니고 있다. 성공을 위해 동분서주 하고 힘차게 인생을 꾸려가는 의리를 중시하는 유형으로 불규칙한 생활로 인해 인체의 각 장기가 제 페이스를 잃을 때가 많다. 술, 담배 등으로 인한 폐질환이나 간 질환을 조심해야 하며 음식이 가지고 있는 독소에 노출될 소지가 많다. 정치와 사업에 능하며 신문, 출판업이 적격으로 자칫 권모술수에 능하다는 평을 받을 수 있는데 이는 자신의 색깔대로 상대를 이끄는 재능이 남다르기 때문이다.

　그러나 자신의 능력만을 믿고 가다가 어이없이 뒤로 당하는 수도 있으므로 자신의 전략을 들키지 않기 위한 손자병법, 통찰력에 대한 훈련, 인간학, 심층심리의학과 체질관리 수련이 필요하다.

A형에서 최상의 상대	A형에서 무난한 상대
父 A형 + 母 O형 = A형	父 O형 + 母 AB형 = A형
父 O형 + 母 A형	父 AB형 + 母 O형
	父 A형 + 母 A형
	父 A형 + 母 B형
	父 A형 + 母 AB형
	父 B형 + 母 A형

<table>
<tr><td colspan="2">

B형에서 최상의 상대

父 B형 + 母 B형 = B형

父 O형 + 母 AB형

父 AB형 + 母 A형

</td><td colspan="2">

AB형에서 무난한 상대

父 B형 + 母 AB형 = AB형

父 AB형 + 母 B형

</td></tr>
</table>

<table>
<tr><td colspan="2">

B형에서 무난한 상대

父 B형 + 母 AB형 = B형

父 AB형 + 母 AB형

</td><td colspan="2">

O형에서 최상의 상대

父 A형 + 母 O형 = O형

父 O형 + 母 A형

</td></tr>
</table>

O형에서 무난한 상대

父 B형 + 母 B형 = O형

● O형 아(父 O형 ↔ 母 A형)

무상무벌(無償無罰)형 : 상을 줄 일도 벌을 줄 일도 없는 성실한 삶을 추구하는 온건파.

차분한 인품으로 자신을 잘 알고 대처하는 예의 바른 유형이다. 그러나 공과 사를 구분하지 않고 관계를 지속하다가 뜻밖의 일로 병을 만드는 결과를 초래할 수 있다.

공해 시대의 환경으로 인해 새로운 괴질병이 침범해 오는 변수를 감당하려면 체질 관리와 건강을 챙겨줄 건실한 상대나 참모가 필요하며 결정적인 조언과 상담으로 인생의 동반자가 되어 줄 사람이 절실하다.

신선한 호박씨는 예로부터 요충과 촌충에 약으로 써왔다. 담배를 피우지 않는 O형 아 유형은 호박씨를 자주 먹거나 요리에 응용하면 기생충을 크게 신경 쓰지 않고 지낼 수 있다.

A형에서 최상의 상대
父 A 형 + 母 A형 = A형
父 A 형 + 母 O형
父 O 형 + 母 A형 .

A형에서 최상의 상대
父 A 형 + 母 B형 = A형
父 A 형 + 母 AB형
父 B 형 + 母 A형
父 O 형 + 母 AB형
父 AB 형 + 母 A형
父 AB 형 + 母 O형

B형에서 최상의 상대
父 AB 형 + 母 A형 = B형

B형에서 무난한 상대
父 B 형 + 母 AB형 = B형
父 O 형 + 母 AB형
父 A 형 + 母 B형
父 A 형 + 母 AB형
父 B 형 + 母 A형
父 B 형 + 母 O형
父 O 형 + 母 B형
父 AB 형 + 母 B형
父 AB 형 + 母 O형
父 AB 형 + 母 A형

O형에서 최상의 상대	O형에서 무난한 상대
父 A형 + 母 O형 = O형	父 A형 + 母 A형 = O형
	父 B형 + 母 B형
	父 B형 + 母 O형
	父 O형 + 母 A형

AB형에서 최상의 상대	AB형에서 무난한 상대
찾기 어려움	父 AB형 + 母 A형 = AB형

● O형 자(父 O형 ↔ 母 O형)

승위섭험(乘危涉險)형 : 자신의 무덤을 파는 일에도 위험을 무릅쓰고 도전함.

감정의 기복이 심하고 남에게 지기 싫어하는 체질로 자신의 뜻한 바를 실현시키기 위한 일이라면 윤리나 도덕은 문제삼지 않는다. 과격한 기질이 체질관리나 건강의 적신호임을 알면서도 자신의 무덤을 파는 일에 도전한다. 굶주린 새벽 호랑이처럼 포효하다가도 뜻을 이루지 못하면 무기력해지고 수줍음도 많이 탄다.

공동체 의식과 책임감이 강한 부모 또는 라이벌 관계로 자주 다투는 부모 중 후자의 부모 아래에서 성장했을 경우 대충 현실을 모면하는 습성이 굳어져 덤벙대는 성품을 감추기 어렵다. 이점을 견실하게 보살펴 줄 친구나 동반자가 필요하다.

상충되는 체질과의 결합은 건강과 가정, 직장 등 모든 곳에서 변화무쌍한 다툼을 만들며, 사기(邪氣) 에너지로 인해 사이코패스 기질로 변화할 수 있으므로 각별히 체질과 기질관리가 필요하다. 호두나무를 가까이 하고 호도 두 알을 손바닥으로 주물거리는 작은 행위도 게을리하지 않는 것이 좋다.

종기나 염증이 생긴 환부에 으깬 생감자(감자의 독성 이용)를 붙여 두어도 좋고, 신선한 우유와 짓이긴 무화과를 거즈에 싸서 따끈하게 한 다음 환부에 붙여 4시간 마다 갈아주면 종기 치료에 좋다.

A형에서 최상의 상대
父 A 형 + 母 AB형 = A형
父 AB 형 + 母 A형

A형에서 무난한 상대
父 A 형 + 母 A형 = A형
父 A 형 + 母 O형
父 O 형 + 母 A형
父 AB 형 + 母 O형

B형에서 최상의 상대
父 A 형 + 母 B형 = B형
父 B 형 + 母 A형
父 B 형 + 母 B형
父 O 형 + 母 B형

O형에서 최상의 상대
父 A 형 + 母 A형 = O형
父 A 형 + 母 B형

O형에서 무난한 상대
父 B 형 + 母 A형 = O형

AB형에서 최상의 상대
父 A 형 + 母 B형 = AB형

AB형에서 무난한 상대
父 B 형 + 母 A형 = AB형
父 AB 형 + 母 A형

8

AB형의 기본적인 체질과 기질

AB형의 기본적인 체질과 기질

전 세계 민족 가운데 약 5% 이하라고 알려진 AB형은 동전의 앞뒷면이나 레코드판의 A, B면과 같이 두 가지 면을 동시에 가지고 있다. 아이큐가 높고 기억력 또한 타의 추종을 불허한다. 어떤 학자는 B형적 외면과 A형적 내면을 가졌다고 논리를 펴고, 또 다른 학자(노미마사히코)는 A면은 사회참가 면이고, B면은 사생활 면이라고 정의를 내리기도 했다.

상처를 잘 받는 면은 A형을 닮았는데 배신, 무시, 비리, 불평등, 불공정, 차별 등에 상처를 받고 때로는 평생을 가슴에 담고 있다. B형인 면은 주변과 융화를 잘 한다는 것이다. 직장에서도 상당히 인기가 있는데 대개 결혼이 늦은 이유 중의 하나이기도 하다. 결혼 상대를 매우 까다롭게 고르는 경향이 있어 이런 저런 이유로 결혼 적령기를 넘기기 쉽다. 불같은 기질로 이거다 생각하면 앞뒤를 가리지 않고 나아가는 경향이 있는데 이러한 면은 B형과 매우 흡사하다. 통찰력과 예리한 면이 있어 상대를 잘 읽어낸다.

내가 아는 AB형들을 살펴보면 광고기획사 대표, 디자이너, 컨설턴트, 설계사, 생태학자, 생물학자, 심층심리학자, 인류학자, 전문 디스플레이너 등의 다양한 직종에 종사하고 있는데 직업만 살펴보더라도 판단력과 분석력이 부족한 체질과 기질이었다면 해내기 어려운 직종이다.

A형의 신중함과 소심함 그리고 냉철함과 완고함, B형의 정확한 판단력과 강한 의지, 급한 면과 독창성 등이 고루 작용하는 AB형의 이중성은 현대가 요구하는 인간상이라고 해도 좋을 것이다.

여러 사람이 각기 다른 생각으로 우왕좌왕 할 때 가장 적절히 교통정리를 할 수 있는 판단력과 분석력을 가졌다는 것이 이 혈액형의 가장 큰 장점으로 부각된다.

AB형의 단점은 일에 집중하기보다 이것저것에 관심을 보이다가 한 가지 일도 끈기 있게 해내지 못해 우유부단한 나그네 같다는 비판을 받을 수 있다는 점이다. 의외로 자신의 결혼관이나 장래 문제를 결정하는 일에 결단력이 부족해 부모나 친지에게 구원을 요청하는 경우를 볼 수 있다.

그리고 결정해 놓은 것도 별다른 이유 없이 트집을 잡아 냉정해지는 때가 있어 가끔 주변을 놀라게 하기도 한다. 허나 별다른 이유가 없다는 것은 다른 혈액형이 생각하는 관점이고, AB형의 입장에서는 심각한 사안이 될 수도 있기 때문에 컨트롤하기 쉽지 않다. 이것은 타인과의 커뮤니케이션에 있어 어려운 면으로 작용한다. 그러나 뛰어난 능력자임에는 틀림이 없다.

체질관리 부분에서 평소 먹을거리를 잡다하게 먹은 AB형이라면 체질에도 변수가 많아진다. 질병이 생기면 A형과 B형의 양상을 고려해 체질의학부터 시작하는 것이 완치의 지름길이 될 것이다.

AB형의 식생활 기본 패턴

 **먹고** 싶은 것은 반드시 찾아가 먹어야 하는 미식가이며 식도락가다. A형과는 달리 먹어 본 음식을 혼자서도 잘 해먹고 격식을 갖추는 편이다. 단체회식이나 먹는 모임에 부득이한 사정으로 또는 우연치 않게 본인이 제외된 것을 알면 그 일로 오랫동안 속을 끓이고 애를 태우며 억울해 하기도 한다.

비교적 퓨전 요리를 즐기는 편인데 그것은 AB형의 체질 특성이 그대로 입맛으로 나타나는 것이다. A형과 B형의 단점이 내적으로 부딪히는 경우가 많기 때문에 체질의 부조리를 부추기는 경우가 많다. 그러므로 AB형의 체질관리에는 이것저것 섞어 놓은 음식보다는 다음의 표를 참고한 본인에게 맞는 맞춤식이요법과 양생법이 필요하다. AB형은 까다로운 체질이기 때문에 한 번 건강이 나빠지면 되돌리기 매우 어렵기 때문이다.

AB형에게 이로운 음식 · 해로운 음식

	이로운 음식	해로운 음식	보 통
어패류	고등어, 농어, 정어리, 달팽이, 도미	훈제연어, 문어, 가자미, 새우, 대합조개	옥돔, 민어, 송어, 청어, 가리비조개류, 전복, 홍합, 황새치, 잉어, 빙어, 캐비어
육 류		닭고기, 오리고기, 거위, 쇠고기(다진 것), 송아지 요리, 엽통, 메추리알	
콩 · 씨앗 견과류	밤, 흰 강낭콩, 얼룩 강낭콩	호박씨, 참깨, 해바라기씨, 돔부, 강낭콩, 검정콩(수 · 목 체질)	브라질넛, 피스타치오, 캬슈넛, 흰색콩, 푸른색 완두
채소류	브로콜리, 오이, 콜리플라워, 케일, 파슬리, 고구마, 알팔파, 겨자잎(수 · 목 체질), 민들레, 샐러리, 두부	고추(청, 붉은, 노란), 옥수수(머핀), 숙주, 검은 올리브(수 · 목 체질), 레디시	시금치, 고사리, 표고버섯, 아스파라거스, 고수풀, 양배추, 생강, 대파, 양파, 부추, 감자, 시금치, 근대, 냉이, 호박류
곡 류	차수수, 청색 발아 현미, 홍색 현미	보리, 메밀	파스타, 글루텐제거 밀빵
기름 유제품	요쿠르트, 염소 젖(치즈), 올리브유 버터, (화 · 금 체질)	전지분유, 파마산치즈, 샤벳, 미국산체더치즈, 옥수수유, 면실유, 홍화유, 참기름(수 · 목 체질)	대구간유, 땅콩기름, 카놀라유, 탈지우유, 소이치즈, 두유
과일류 유기농	포도, 무화과, 키위, 자두, 레몬	바나나, 망고, 오렌지, 감, 석류	사과, 멜론류, 수박, 살구, 복숭아, 딸기, 건포도, 야자, 파파야, 귤

※ 유전자 재조합 위험을 고려하지 않고 음식에 중점을 두었다
예) 콜리플라워

AB형에게 좋은 약선 요리

하수오, 둥굴레 가리비 국

재료 : 하수오 20g, 가리비 적당량, 다시마, 말린 표고버섯(화·금 체질) 약간, 순무 1
    개, 쑥갓 약간

〈만드는 방법〉
1. 가리비를 소금물(국산 천일염)에 담가 해감을 토해내게 한다.
2. 고구마와 감자의 중간 맛이 나는 하수오를 잘 썻어 물 7컵을 붓고, 센 불에서 끓이
    다가 약한 불로 약 30분 이상 달인다.
3. 위의 재료에 다시마를 넣고 한 번 더 끓으면 불을 끄고 하수오와 다시마를 건져 둔다.
4. 마른 표고버섯은 소금물에 담갔다가 거품이 날 정도로 조물조물 썻어 맑은 물에
    불린 후 건져 썰어 놓는다.
5. 순무와 둥굴레는 썻어 어슷썰기로 준비한다.
6. 쑥갓을 손질해 잘 썻어 놓는다.
7. 하수오 우린 물과 1, 3, 4, 5의 재료를 넣고 한 번 더 끓인다.
8. 마지막으로 쑥갓을 넣고 소금으로 간을 맞춘다.

• 하수오는 매운맛과 상극이므로 파, 마늘, 생강 등을 같이 쓰지 않으나
  폐기능(기관지, 천식)이 나쁜 사람은 쓸 수도 있다. 복합 체질인 AB형
  에게 잘 맞는 약선 요리로 현미밥과 상식하면 AB형에게 약보다 더 좋
  은 보양식이 된다. 둥굴레는 자양강장에 효능이 있으며, 음식의 맛을
  구수하게 한다.
• AB형은 어떤 범주에도 딱 들어맞는 체질이 아니기 때문에 약과 음식
  을 신중히 선택해야 한다.

● AB형 가(父 A형 ↔ 母 B형)

장두은미(藏頭隱尾)형 : 머리를 감추고 꼬리를 숨긴다. 아무에게나 비위를 맞추고 일에 두려움이 많아 사물을 똑바로 밝히지 못한다.

AB형은 변화를 추구하는 것이 특징으로 이 사람 저 사람 상대를 바꾸지만 자신의 마음에 드는 사람을 찾기가 쉽지 않아 에너지를 낭비할 우려가 많다. 이러한 생활은 체질악화를 부추긴다. 지루한 분위기를 싫어하며 실패의 경험으로 의기소침해지는 경향이 있고, 유들유들한 여유와 생뚱맞은 행동 등의 다양한 성품의 소유자로서 상대를 헷갈리게 한다.

안정과 평화지향주의인 부친과 자유로운 모친의 영향으로 순수하고 정열적이다. 대인관계는 그다지 원만한 편이 아니기 때문에 스스로 스트레스가 쌓인다. 수사관이나 견고한 분석력이 필요한 업종보다는 영업직에서 재능을 발휘해 성공할 수 있다.

물푸레나무과에 속하는 검은 자줏빛 광나무 열매를 10월에 따서 말리면 여정실이라는 자연약재가 된다. 10g을 3컵으로 달여 1일 3회 마시면 피로회복, 냉증, 저혈압과 심신을 다스리는 데 좋다.

A형에서 최상의 상대
父 A형 + 母 A형 = A형

A형에서 무난한 상대
父 A형 + 母 B형 = A형
父 A형 + 母 O형
父 B형 + 母 A형
父 O형 + 母 A형

B형에서 최상의 상대
父 A형 + 母 B형 = B형

B형에서 무난한 상대
父 O형 + 母 AB형 = B형
父 AB형 + 母 O형
父 B형 + 母 A형
父 B형 + 母 O형
父 O형 + 母 B형

O형에서 최상의 상대
父 O형 + 母 O형 = O형

AB형에서 최상의 상대
찾기 어려움

AB형에서 무난한 상대
父 A형 + 母 A형 = AB형
父 A형 + 母 O형
父 O형 + 母 A형

● AB형 나 (父 B형 ↔ 母 A형)

요란춘풍(搖亂春風)형 : 봄바람에 버들가지가 흔들리듯 감정의 기복이 심한 체질.

감정의 기복이 심한 만큼 건강 또한 기복이 심하다. 독신을 고집하기 보다는 우주의 섭리에 순응해 너그러운 상대를 택해야 덕이 쌓인다. 대범함과 낙천적인 양면성을 고루 갖춘 형이며, 집중력과 두뇌 플레이가 뛰어나 손에 잡은 일은 척척 해내지만 빈틈이 보인다. 어느 유형보다 자라온 환경의 영향을 많이 받기 때문에 단 한사람의 충고라도 진실한 말이면 귀를 기울여야 한다. 부모의 관계가 원만하지 않았다면 이것이 정서에 영향을 미쳐 꼼꼼하게 간섭하려는 상대를 못 견뎌 할 것이다. 싫증을 잘 내는 단점도 고쳐야 할 부분이다.

초여름에 나는 구기자 잎(구기엽)을 따다 햇볕에 말려 10~15g을 달여 장기간 복용하면 기복이 심한 심신을 다스리고 감기로 인한 열, 혈압, 피로회복에 좋다.

A형에서 최상의 상대
父 A형 + 母 A형 = A형
父 A형 + 母 AB형
동질감으로 최상이기보다는 안정적이다.

A형에서 무난한 상대
父 A형 + 母 B형 = A형
父 B형 + 母 A형
父 AB형 + 母 A형

B형에서 최상의 상대
父 A형 + 母 B형 = A형
父 O형 + 母 AB형
父 AB형 + 母 O형

B형에서 무난한 상대
父 B형 + 母 A형 = B형
父 B형 + 母 O형
父 B형 + 母 AB형
父 O형 + 母 B형
父 AB형 + 母 A형

O형에서 최상의 상대
父 O형 + 母 O형 = O형

AB형에서 최상의 상대
찾기 어려움

AB형에서 무난한 상대
父 A형 + 母 B형 = AB형
父 B형 + 母 A형

● AB형 다(父 B형 ↔ 母 AB형)

이불능이단(李不能二短)형 : 명인이라도 부족한 데가 있음.

매사를 자신의 색깔로 밀고 가는 경향이 있어 업무상에서 오는 과로와 스트레스가 불면증과 신경성 질환을 유발할 수 있다. 따라서 본인에게 맞는 체질관리가 절실하다. 샤프함과 융통성, 행동력과 남을 배려하는 면으로 주변의 환심을 산다.

흥미 있는 일에는 발군의 실력을 발휘하지만 그렇지 않은 일에는 손을 놓아 불협화음을 만들 수 있다. 본인의 아이디어가 베인 창의성 있는 일에 매진하면 영업을 향상시키는 능력으로 연결돼 성공으로 갈 수 있다. 풍요로운 노후를 위해 알뜰한 상대를 만나는 것이 관건이다.

흥분으로 인한 두통, 감기 발열, 부종, 눈병이 오면 국화꽃으로 술을 담그거나 꽃을 쪄서 그늘에 말려 베갯속으로 사용하면 매우 좋은 효과를 얻을 수 있다.

A형에서 최상의 상대	B형에서 무난한 상대
父 A형 + 母 B형 = A형	父 A형 + 母 A형 = B형
父 A형 + 母 O형	父 A형 + 母 AB형
父 B형 + 母 A형	父 O형 + 母 A형
父 B형 + 母 AB형	父 O형 + 母 AB형
父 AB형 + 母 B형	父 AB형 + 母 A형
	父 AB형 + 母 O형

B형에서 최상의 상대

父 Ｂ형 ＋ 母 Ｂ형 ＝ Ｂ형

父 Ｂ형 ＋ 母 Ｏ형

父 Ｏ형 ＋ 母 Ｂ형

父 Ｏ형 ＋ 母 ＡＢ형

父 ＡＢ형 ＋ 母 Ａ형

B형에서 무난한 상대

父 Ｂ형 ＋ 母 ＡＢ형 ＝ Ｂ형

父 ＡＢ형 ＋ 母 Ｂ형

父 ＡＢ형 ＋ 母 ＡＢ형

父 Ａ형 ＋ 母 Ｂ형

父 Ａ형 ＋ 母 ＡＢ형

父 ＡＢ형 ＋ 母 Ｏ형

O형에서 무난한 상대

父 Ａ형 ＋ 母 Ｂ형 ＝ Ｏ형

父 Ａ형 ＋ 母 Ｏ형

父 Ｂ형 ＋ 母 Ｏ형

父 Ｏ형 ＋ 母 Ａ형

父 Ｏ형 ＋ 母 Ｂ형

AB형에서 최상의 상대

父 Ｂ형 ＋ 母 ＡＢ형 ＝ ＡＢ형

父 ＡＢ형 ＋ 母 Ｂ형

AB형에서 무난한 상대

父 ＡＢ형 ＋ 母 ＡＢ형 ＝ ＡＢ형

● AB형 라(父 AB형 ↔ 母 B형)

관인대도(寬仁大度) (사기史記)형 : 너그럽고 어질며 도량이 넓은 편이다.

모든 일에 자신감이 넘쳐 체력을 소모하고 잔병을 무시해 화를 자초한다. 불규칙한 섭생은 병약 체질을 만들 수 있으므로 절제된 생활과 체질관리가 필요하다. 다소 자기중심적이지만 상대의 입장을 헤아리는 편으로 외형보다는 내면을 중시하는 형이상학적 사고의 소유자이다.

생의 가치관에 있어 폭이 넓으며 지혜로운 삶을 경영한다. 한번 맺은 인연을 소중하게 생각하기 때문에 자신의 고정관념으로 상대를 아프게 하지 않는다. 기업의 관리파트나 임원직으로 적격이다.

목과 입안이 부어 아플 때 당아욱 잎(금규엽)을 당아욱 꽃과 같이 달여 양치하면 통증과 부기가 가라 앉는다. 설사에도 효과적이다.

AB형에서 최상의 상대
父 A형 + 母 O형 = AB형
父 A형 + 母 B형
父 AB형 + 母 B형
父 AB형 + 母 AB형

A형에서 무난한 상대
父 O형 + 母 A형 = A형
父 B형 + 母 A형
父 A형 + 母 A형
父 A형 + 母 AB형
父 O형 + 母 AB형
父 AB형 + 母 O형
父 AB형 + 母 A형

B형에서 최상의 상대
父 A 형 + 母 B형 = B형
父 AB 형 + 母 A형
父 B 형 + 母 B형
父 B 형 + 母 O형
父 B 형 + 母 AB형
父 O 형 + 母 B형
父 O 형 + 母 AB형

B형에서 무난한 상대
父 AB 형 + 母 B형 = B형
父 AB 형 + 母 AB형
父 AB 형 + 母 O형
父 A 형 + 母 AB형

O형에서 최상의 상대
찾기 어려움

O형에서 무난한 상대
父 B 형 + 母 O형 = O형
父 O 형 + 母 B형
父 A 형 + 母 B형
父 A 형 + 母 O형

AB형에서 무난한 상대
父 AB 형 + 母 B형 = AB형

● AB형 마 (父 AB형 ↔ 母 A형)

명정언순(名正言順)형 : 주의가 바르고 말이 이치에 맞는다.

경경불매 (耿耿不寐) 염려와 걱정으로 잠을 이루지 못한다는 뜻의 고사 숙어처럼 작은 일에도 번뇌하고 신경질적이어서 본인과 주변에 스트레스를 제공한다. 병약한 체질이 되지 않으려면 활달한 사람과의 교분으로 라이프 스타일을 바꾸고 코믹한 영화나 연극, '난타' 공연 등으로 화를 분출해야 한다.

큰일에 비중을 두고 신중한 편으로 큰 실수가 없다. 주어진 여건에서 착실하게 다져가는 노력형으로 차분한 분위기의 호텔업이나 문화컨텐츠 사업이 제격이며, 싫증을 잘 내지 않지만 조심성이 지나쳐 주위 사람들을 피곤하게 한다. 소위 공주병이나 왕자병이 지나치면 기피 대상이 된다는 것을 명심해야 한다. 이해력이 넓은 상대를 만나야 삶의 기복이 적다.

원형탈모중에는 강화 순무씨를 갈아 식초를 섞어 환부에 바르거나 뿌리나 잎을 쪄 먹으면 장 기능이 회복돼 변비에 좋으며 탈모를 예방한다.

A형에서 최상의 상대	A형에서 무난한 상대
父 B형 + 母 A형 = AB형	父 A형 + 母 A형 = A형
父 O형 + 母 A형	父 AB형 + 母 O형
父 O형 + 母 AB형	父 AB형 + 母 B형
父 AB형 + 母 A형	父 B형 + 母 AB형
	父 A형 + 母 AB형
	父 A형 + 母 O형

B형에서 최상의 상대
父 A 형 + 母 AB형 = B형
父 B 형 + 母 A형

B형에서 무난한 상대
父 AB 형 + 母 O 형 = B형
父 AB 형 + 母 B형
父 AB 형 + 母 A 형
父 O 형 + 母 AB형
父 B 형 + 母 AB형
父 B 형 + 母 B형
父 A 형 + 母 B형

O형에서 최상의 상대
父 A 형 + 母 B 형 = O형

O형에서 무난한 상대
父 A 형 + 母 A 형 = O형
父 O 형 + 母 A형
父 B 형 + 母 O형
父 O 형 + 母 O형

AB형에서 무난한 상대
父 AB 형 + 母 A형 = AB형
父 A 형 + 母 AB형

● AB형 바 (父 A형 ↔ 母 AB형)

철심석장(鐵心石腸)형 : 지조가 굳고 성품이 강인하여 유혹에 동요되지 않음.

숲 전체를 볼 줄 아는 스승을 순조롭게 만나면 승승장구하는 인생을 살수 있다. 작은 일에 신경전을 벌여 득보다는 실이 많고, 체질관리에도 적신호가 올 수 있다. 이해심이 많고 심성이 부드러운 상대를 만나야 건강을 해치지 않는다. 상대를 배려하는 마음과 성실함, 책임을 다하는 등의 장점이 있으나 튀고 싶어 하는 속성을 컨트롤하지 못 할 때는 조용히 기도하는 자세로 평정을 찾아야 한다. 용의주도함과 치밀한 기획력으로 오너의 자리보다는 전체를 관리하는 기획부서나 비서관의 역할이 적성에 맞는다. 산수유나무 생 열매 800g을 35도 소주 1.8 *l* 에 담아 발효시킨 후 매일 자기 전에 1잔씩 마시면 피로회복, 냉증, 성인 야뇨증 등에 좋다.

A형에서 최상의 상대
父 A형 + 母 AB형 = A형
父 B형 + 母 A형
父 O형 + 母 A형

A형에서 무난한 상대
父 O형 + 母 AB형 = A형
父 AB형 + 母 A형
父 A형 + 母 A형
父 A형 + 母 O형

B형에서 최상의 상대
父 A형 + 母 AB형 = B형
父 B형 + 母 A형

B형에서 무난한 상대
父 A형 + 母 B형 = B형
父 B형 + 母 B형
父 O형 + 母 AB형
父 AB형 + 母 O형

O형에서 최상의 상대	O형에서 무난한 상대
父 A형 + 母 B형 = O형	父 A형 + 母 A형 = O형 父 O형 + 母 B형

AB형에서 최상의 상대	AB형에서 무난한 상대
父 A형 + 母 B형 = AB형 父 B형 + 母 A형	찾기 어려움

● AB형 사(父 AB형 ↔ 母 AB형)

고식지계(姑息之計)형 : 당장 편한 것을 좇아 취하는 꾀돌이 형.

습여성성 (習與性成)이라는 말처럼 쉽게 뜨거워지고 쉽게 식어버리는 습관이 천성이 되어버린 유형으로 혼미한 체질을 부추긴다. 정신적으로나 육체적으로 피곤이 잘 쌓이는 까다로운 체질로 건강관리에 남다른 주의를 기울여야 한다. 카멜레온처럼 자신의 환경에 민첩하게 능력을 발휘해 상황에 따라 순발력 있게 대처한다. 아주 뜨거움과 아주 냉정함, 싫고 좋음에 따라 차별하는 정도가 심해 삶을 경영하는 데 기복이 심하고 스스로 고립되는 경향이 있다. 가족 모두가 이산가족이나 기러기 가족의 성향이 짙다. 혼자 해낼 수 있는 컴퓨터 관련 업종, 만화가, 건축 인테리어, 패션디자이너 등이 적격이며 봉황의 발바닥 보다는 닭 벼슬 쪽이 인생을 편하게 만든다.

어깨 결림과 감기 발열에는 갈근 같은 것과 생강을 얇게 썰어 약간의 꿀을 넣고 뜨겁게 해서 마시면 효능이 있다.

A형에서 최상의 상대
父 AB형 + 母 O형 = A형
父 O형 + 母 AB형
父 B형 + 母 AB형
父 AB형 + 母 B형

A형에서 무난한 상대
父 O형 + 母 A형 = A형
父 A형 + 母 A형
父 AB형 + 母 O형
父 A형 + 母 AB형
父 AB형 + 母 A형

B형에서 최상의 상대
父 AB형 + 母 AB형 = B형
父 B형 + 母 B형

B형에서 무난한 상대
父 AB형 + 母 O형 = B형
父 AB형 + 母 B형
父 B형 + 母 O형
父 O형 + 母 O형

O형에서 최상의 상대
찾기 어려움

O형에서 무난한 상대
父 O형 + 母 A형 = O형
父 B형 + 母 B형
父 A형 + 母 O형
父 A형 + 母 A형

AB형에서 최상의 상대
父 A형 + 母 B형 = AB형
父 B형 + 母 AB형
父 AB형 + 母 B형
父 A형 + 母 AB형

AB형에서 무난한 상대
찾기 어려움

9

차라리 굶고 다시 시작하자

차라리 굶고 다시 시작하자

1997년 1월 러시아에서 돌아온 이후 약 6년 간 경희대학교 대학원과 사회교육원에서 제3의학을 강의했고, M대학교와 H대학교 대학원에서 대체의학(파동요법)과 자연치유학에 관한 강의를 해왔다. 몇 년 전의 일이다. 제3의학을 실천하자는 명분으로 방학을 이용해서 학생들을 인솔해 강원도 H마을에 있는 수련관에 갔다. 마침 그곳은 폐교를 인계 받아 대대적인 수리를 거쳐 자연치유학을 실천할 수 있는 황토 체험실 등을 조성해 놓은 곳이었다.

학생들의 방은 혈액형별(체질별)로 나누었는데 A형이 14명으로 제일 많았고, B형이 8명, O형 6명, AB형 2명이었다. 학생들은 내심 몸에 좋은 먹을거리가 잔뜩 준비되어 있으리라 기대하는 눈치였다. 그러나 학생들의 기대와는 달리 저녁 식사는 체질별로 만든 죽 4가지와 무김치, 배추김치가 전부였다. 9박 10일의 일정 동안 내가 준비한 식단은 3일은 죽, 나머지 기간은 아예 굶는 것이었다. 이렇게 식단을 결심한 것은 학생들 거의가 냉 체질이었고, 열 체질인 화·금 체질은 불과 몇 명 되지 않았기 때문이었다.

냉 체질의 사람은 식이요법을 하더라도 따뜻한 계절을 택해 따뜻한 성질의 뿌리 음식을 먹어야 냉해진 몸을 보호할 수 있다. 하루에 2~3번 샤워할 때는 미지근한 물을 사용하고 맑은 공기를 호흡해야 하며, 한 여름에도 에어컨 사용은 금해야 한다.

체질별 죽을 먹은 후에는 삼림욕과 풍욕을 하게 했고, 스트레스를 줄이기 위해 휴대폰 사용을 하루 1시간만 허용했다. 예고 없는 단식수련이었기 때문에 나의 진심을 이해하는 대다수의 학생들은 프로그램에 적극 참여했다. 무사히 단식수행이 끝난 후 보호식을 철저히 한 학생들은 이구동성으로 잔병이 사라졌다고 고백했고, 갑상선 암 초기였던 한 학생은 진료기록을 의심할 정도로 병세가 호전되기도 했다.

그 학생은 갑상선 암 완치를 앞두고 부모님과 한번 더 단식수련회에 참가했다. 부모님 역시 현대병 전초전을 보이고 있었기 때문에 즐겁고 긍정적인 마음으로 수련회에 참가했고, 지금도 그 방법을 응용해 집에서 단식 프로그램을 실행한다고 한다.

안타까웠던 일은 뒷바라지를 해주시던 수련원 주인인 학과 학생(B형 목체질)이 수련에는 참가하지 못하고 동분서주 뛰어 다니더니 마지막 날, 감기 기운으로 두통을 호소하며 몸져누워 버린 일이었다. 그 학생에게 과욕(일에 대한 욕심과 식탐이 많아 몸이 비대했다)은 기를 소진시켜 좋지 않으니 아무리 공기가 좋은 곳에 살고 있다 해도 지친 몸과 정신을 쉬게 하는 의미에서 수련에 참가하라고 충고 했지만 말을 듣지 않았다. 며칠 후 다소곳하고 매사에 긍정적이던 그녀는 38세를 일기로 남편과 시어머니, 어린 두 딸을 남겨놓고 세상을 떠났다. 공해 시대를 살아가는 현대인이라면 누구라도 예고 없이 찾아오는 불행을 사전에 예방하기 위해 몸 안의 나쁜 기운(탁기)을 털어내는 시간이 필요하다는 것을 절실히 느낀 사건이었다.

악한 에너지가

몸으로 유입되는 경로는 무수히 많다. 호흡 시, 음식섭취, 각종 첨단기기, 악한 에너지를 가진 사람에게서도 기운은 전달된다. 그녀는 몸져눕기 바로 전날 가족의 한사람과 다투는 와중에 손찌검을 당했다고 했다. 상한 몸과 다툼, 손찌검을 당한 스트레스가 죽음을 부른 직접적인 계기였다.

어느 해 11월 가을, 내 친구의 동생이 황급히 나를 찾았다. 내 친구는 A 형 수 체질이었는데, 동생의 말에 따르면 친구가 위암 3기 선고를 받았다는 것이었다. Y병원에서의 진단 결과 다른 장기로의 전이가 예상되며 수술 후 처치를 하면 괜찮아질 수도 있다는 소견이었다. 그러나 친구는 그 사실을 모르는 상태였고, 예민한 성격상 사실을 알게 되면 자살이라도 할지 모른다는 게 가족들의 의견이었다. 가족들은 나에게 도움을 요청했다.

불길한 예감으로 친구를 만나러 가는 걸음이 무척이나 무거웠다. 친구 집에서는 고기 반찬에 고급 호텔 뷔페 음식 못지않은 진수성찬을 차려놓고 나를 기다리고 있었다. 그러나 나는 그 음식을 먹을 수가 없었다. 암 환자 의 몸에서 나는 비릿한 냄새도 역겨웠지만 내 친구와의 마지막 만찬일지도 모른다는 생각 때문이었다. 식사 시간을 그렇게 보내고 있는데 내 친구는 아까워서라도 음식 맛을 봐야 한다며 게걸스럽게 먹는 것이었다. 나는 말 리고 싶었지만 좋은 음식 앞에서 너무나 행복해 하는 친구를 보며 '이럴 날 도 얼마 남지 않았는데…….' 싶어 참고 그저 웃고만 있었다. 친구의 생명 은 6개월도 채 남지 않아 보였다. 내 눈에 진수성찬이 들어올 리가 없었다.

식사 후 친구와 나는 오랜만에 이런 저런 이야기를 나눴다. 친구는 수술 만 받으면 오래 살 수 있다는 의사 선생님의 말을 믿고 있었다. 나는 그저 미소로 맞장구를 치는 수밖에 없었다. 그러나 친구에게서는 중한 병을 가 진 사람에게서 전해오는 냉한 기운과 죽음 파동 에너지가 느껴졌다.

한의사들은 환자를 진단할 때 맥을 짚거나 걸음걸이, 얼굴의 색깔 등을 관찰해 처방을 내린다. 문진도 동시에 이루어지지만 환자 전체를 면밀히 살펴 숲도 보고 나무도 본다. 반면 양의사들은 각 과목별로 진찰기를 통해 환자를 이리저리 관찰하고 진단한 후 적절한 처방을 내린다. 그리고 그것이 부족하면 X-레이, CT 촬영, MRI 등 첨단의료기에 의존해 적절한 치료를 시행하고 처방한다. 우리가 알고 있는 한방과 양방의 진단 방법은 위와 같다.

보지 않고도 진단할 수 있는
망진법(望診法)의 위력

진단 방법에는 여러 가지가 있지만 제3의학자들은 망진법을 쓴다. 먼 거리에 있는 환자의 경우 전화음성으로 대화나 음식을 선택하는 성향으로 환자의 상태를 측정하는 방법이다. 높은 차원의 진단 방법은 고도의 훈련과 수련, 수행을 통해서 얻어지는 방법으로 그 수행 방법 중의 하나가 단식이다.

단식 수련을 하고 나면 몸이 매우 예민해져 기감이 발달하게 된다. 탁한 기운이 사라지고 몸과 의식의 세계는 한 차원 높아진다. 동시에 적절한 명상과 기도, 음악요법, 바이브레이션요법, 아로마요법, 보석, 칼라요법 등 파동의학으로 훈련을 마치면 상상을 초월하는 예지력이 생기기도 한다. 숙련된 망진법은 공간 에너지의 어떠한 기운의 흐름도 쉽게 읽어 낼 수 있다.

러시아에서는 망진법을 원격 진단, 진료, 치료술이라고 하는데 당시 황실 사람들의 몸을 함부로 벗기거나 만질 수 없는 상황이었기 때문에 원격적인 방법으로 진단을 내리고 처방할 수밖에 없어 망진법이 발달했다.《동의보감》의 허준 선생도 왕실을 전담한 전문의였다. 그러나 대비나 왕비, 내전의 후궁이나 여성일 경우 그 몸을 만질 수가 없어 보기만 해도 알아차리는 고차원의 망진법을 이용해야 했다.

러시아는 세계 제일의 원격진단 시스템을 보유하고 있다. 위상 오라미터라고 하는 이 장비는 환자의 생체 오라(Aura) 즉 사람의 몸이나 또 다른 정신 감응 에너지를 감지해 모든 상태를 파악하고, 손만 갖다 대거나 그 사람의 음성만으로도 병을 진단하고 처방전을 제시한다. 처음 이 장비로 진단을 받을 때 나와 다른 학생들은 목욕을 하고 마음을 가다듬고는 했다. 그 장비는 관찰자의 상태도 읽어내는 시스템이었기 때문이다.

1970년에 러시아는 이미 인체의 전자기적 조절시스템을 응용해 건강한 육체를 만드는 전자 캡슐, 마이크로프로세서(microprocessor) 개발에 성공했다. 인체 즉 유기체에 혼란(병증)이 생기면 체내에 전자기 즉 파동난조가 나타나는데 이때 감지(진단) 시스템과 제거(병 에너지에 대한 치명에너지 파동) 시스템을 가동하면 약이나 먹을거리로 인해 축적된 탁한 기운과 노폐물을 원활하게 처리할 수 있다는 해답을 얻은 것이다.

1952년 키에프에 의학아카데미의 노년학 연구소는 젊음을 찾을 수 있는 영약을 연구하는 국가기관이 있었다. 규모가 방대하고 최첨단 장비를 갖춘 러시아 최대의 연구소로 각 나라의 황실요법을 비롯해 인간의 수명을 늘리는 세계적인 방법을 도입, 응용과 연구 개발에 박차를 가하고 있었다. 그러던 중 인체의 전자기 파동을 연구하고 적용하는 실험과 개발의 결과가 AES(Analyzer Electric Spectrometer)라고 불리는 꿈의 전자 캡슐이었다. 이 전자캡슐의 원리는 동양학적인 음양 이론과도 상통한다.

전자의 운동에 수반되어 발생하는 자기 에너지와 그것을 떠받치는 소립

자군(Fundam) 에너지와 존재하는 극초소미립자와 음의 에너지도 양의 에너지도 아닌 중성자 에너지(양자 에너지)인 미세한 에너지를 응용, 혼란이 생긴 인체의 각 장기에 전류를 흘려보내면 이 전류가 중추신경 시스템에 도달해 반동 작용을 일으키는 것이다.

이때 유기체는 매우 빠르게 반응하는데 혈액순환은 물론 면역력을 높여주고 위장, 간장, 췌장, 전립선, 소화관 등 인체의 각 장기가 활력을 찾기 시작해 혼탁한 피가 돌면서 대소변을 통해 배출될 것은 배출되고 탁한 병의 기운 역시 견디지 못해 사라지는 것이다. 라이프 박사의 MOR 진동요법, 로날드 박사의 MRA 요법, 나카무라 박사의 QRS 장비도 이와 같은 원리에 의한 것임을 이해하면 된다.

나는 학위 논문을 제출하기 위해 조그마한 마이크로 칩인 AES 전자캡슐을 여러 차례 먹는 실험을 해야 했다. 그것은 소화시켜 먹는다는 개념의 것이 아니라 뱃속에 들어간 캡슐이 몸 밖으로 배출되지 않으면 여러 개의 쇠 덩어리를 몸속에 넣고 살아가야 하는 위험천만한 일이었다. 그러나 나는 1%의 의심도 없이 100% 실행에 옮겼다. 무슨 일이든 할 수 있다는 믿음이 우선이며, 믿음이 없으면 전문성도 이론에 불과한 살아있는 학문이 아닌 죽은 과학이기 때문이다.

혹독한 우리 스승은 캡슐을 먹은 후 25시간~ 30시간 전후의 대변 속에 들어 있는 캡슐을 찾아 깨끗하게 소독한 후 재활용 한 과정을 빠짐없이 기록해 논문으로 제출하라고 주문했다. 전자캡슐을 복용하기 전에는 몸 안의 정전기를 흘려보내기 위해서 라디에이터(radiator)나 수도꼭지를 약 5초 정도 만진다. 캡슐은 비행접시 모양으로 우리가 쉽게 접할 수 있는 알약보다 크기가 조금 크지만 삼키는 데는 큰 어려움이 없어 물과 함께 복용한다. 이 캡슐을 삼키는 순간 입안의 산과 알칼리 작용에 의해 미약한 전류가 흐르면서 마이크로세서가 작동하게 된다. 전자 칩의 양쪽에는 + 전류와 −전류가 흐르고 있어 음양의 원리 그대로이다. 복용 후 위와 장의 근육에 통증이 없는 수축 작용이 일어나며 여성의 경우에는 배란기의 묘한 기분을 남성의 경우에는 발기력과 함께 성적 충동을 느낀다는 보고가 있다.

AES는 기대를 저버리지 않고 20~30분 동안 각 장기에 머물면서 묘한 느낌을 전해주었다. 각 내장 기관을 통과하면서 주기적으로 나타나는 진동과 미세한 전류의 흐름은 간의 독성 물질을 분해해 배설을 유도하고 신장, 췌장, 대장 기능을 정상화시키며 장 속을 이완, 수축시켜 장기 점막에 붙어 있는 중금속, 노폐물 따위를 대변과 함께 빠져나오게 하는 것이다.

사람마다 다소 차이는 있지만 살펴보면 변의 색깔과 냄새가 평소와 다른 경우가 많다. 평소에 좋지 않았던 부위에서는 진동이 더 심하게 나타나는데 이럴 때는 몸이 더욱 효과적으로 개선되고 있다는 증거다. 이를 통해 러시아의 국가 지도자들이 첨단파동의학으로 단식을 하지 않고도 어떤 방법으로 몸 안의 탁한 에너지를 빼내었는가를 알게 된 것이다.

앞서 소개한 러시아 과학자들의 우주관과 세계관을 보더라도 복잡 미묘한 인체 내의 조화는 몇 알의 약과 한약, 건강식품으로 이루어지지 않는다는 것은 너무나 자명한 일이다. 한약이든 양약이든 약을 많이 먹은 사람은 약에 취해 고차원의 유전자 정보를 망각하고, 저차원의 미혹된 삶을 사는 일이 많다. 그래서 하루라도 빨리 공기가 맑은 곳에서 탁한 기운을 흩어내는 작업을 해야 된다는 것이다. 그것은 단순히 병을 예방하는 차원이 아니다. '얼마나 오래 사느냐?' 보다 '어떻게 살아야 하는가?' 하는 깨달음의 세계를 향해가다 보면 병은 저절로 치유된다는 것이다.

우리나라에도 원격 진료법을 믹서한 과학 장비를 이용하는 곳이 몇 군데 있다. 그러나 장비를 다루는 한 두 사람의 연구진을 제외하고는 기계를 제대로 활용하지 못하는 것이 안타깝다.

나의 스승이자 러시아의 공훈의사인 보리스캄모프 박사의 망진법을 소개한다. 박사는 진찰실에 들어오는 환자의 발자국 소리만 듣고도 병을 진단하고 처방을 내린다. 매우 중한 환자의 경우 부모(전생) 또는 태어난 곳(병원 또는 다른 장소)에서 전해 받은 악하고 혼탁한 기운을 흩어 버리는 과정을 거쳐 환자에게 필요한 약초 몇 뿌리를 주고 차처럼 마시라고만 말하고는 환자를 돌려 보낸다.

그렇게 러시아의 많은 어린이 백혈병 환자와 난치병 환자들이 박사로부터 고침을 받았다. 박사는 러시아 정부로부터 인정받은 마조로프 어린이 병원의 병원장이자 언론사 주필이고, 많은 책을 집필한 작가이며, 국가가 지정한 공훈 의사이다. 인도의 왕들을 치료했던 의성 기바의 치료기법을 도입해 사용하기도 하는 박사는 많은 제자들과 함께 때때로 인도에서 강도 높은 수련을 하고 있다.

저주와 악의 파동은 남도
해치지만 자신도 해친다

1998년도 7월 여름, 우리 연구소에서는 대체의학과 대체에
너지를 연구하는 카이스트의 박사들과 S대학교
대학원장을 비롯, 약 700여명의 국내외 인사들과 제1회 한·러 생체에너지
에 관한 심포지엄을 개최했다.

그날은 유난히 날씨가 좋지 않았고 계속 폭우가 쏟아지고 있었다. 보리
스캄모프 박사는 나에게 오늘은 아주 좋지 않은(죽음) 일과 사람이 살아나
는 일이 동시에 일어날 것이라며 특별히 조심하고 관찰해 보라고 말했다.
다소 긴장하는 가운데 행사가 진행되었다. 내 차례가 되었을 때 나는 음악
치료학을 강의했고, 긴장을 완화시키는 의미로 사람들을 일으켜 세워 치유
율동(학춤과 유사한 춤)으로 유익하게 강의를 마무리 할 수 있었다.

그러나 일은 심포지엄이 끝날 무렵 일어났다. 박사의 예견이 맞아 떨어
진 것이었다. 우리의 행사를 시기하고 음해했던 세력 중의 핵심인물 세 사
람이 독을 품고 행사장으로 오는 길에 자동차가 전복하는 사고가 일어난
것이다. 그 중 두 사람은 사망했고, 한 사람은 중태에 빠졌다. 그 사람들은

심포지엄을 개최하는 것에 대한 불만을 품고 방해공작을 벌일 참이었다. 악의 파동은 남을 해칠 수도 있지만 그것이 부메랑이 되면 자신을 나락으로 빠뜨린다는 사실을 여실히 보여 준 사건이었다.

그날 어떤 환자가 우리의 소문을 듣고 찾아왔는데 그 사람은 설암에서 시작해 폐, 위, 식도까지 3군데로 암이 전이 된 악성 말기 암 환자였다. 그 사람은 중국으로 유학을 보낸 의대생 아들을 위해 재산을 다 털어 중국 현지에 큰 병원을 짓고, 한국의 친지들에게 개업 소식을 전하려고 온 참이었다. 그런데 솟은 혓바늘이 가라앉지 않고 몸의 피로가 심해 가벼운 마음으로 진단을 받으러 갔다가 암이라는 사실을 알게 된 것이다.

한치 앞을 내다보지 못하는 인간의 모습이었다. 보리스캄모프 박사는 현행법(외국인 신분으로는 국내인을 진료하거나 치료할 수 없다)에 위배되는 것은 차후의 문제라며 수백 명이 지켜보는 가운데 그 환자의 탁한 오라 에너지를 흩어내는 작업을 시작했다. 그 시술은 많은 참석자들에게 공개되었고, 녹화 된 장면은 고스란히 연구소에 보관되어 있다. 많은 사람들이 그 날을 아직도 기억하리라 믿는다.

병의 에너지는 어떤 경로를 통해 생기든 공간 에너지가 되어 사람의 의식 속에 부정적인 에너지로 자리 잡게 된다. 또한 공기, 음식물, 전자파, 액체(피로)화, 고체(음식 속에서)화, 기체화(구름 속에서도 생겨난다)되어 병마 에너지는 지구 재앙을 초래한다.

현재 백신으로 해결이 어려운 H5NI 바이러스, 조류 독감 인플루엔자(AI)를 일으키는 박테리아, 미생물 바이러스, 사스, O157 등 눈에 보이지 않는 병마 에너지가 되기 위해서는 최초의 극·초·소·미립자의 파동이 난조를 보이며 시작된다. 그 최초의 파동 난조는 생명이 잉태되는 순간(동물도 동일), 부모로부터 물려받은 유전자에서 시작되기도

하고, 조상으로부터, 살고 있는 땅으로부터 전사되어 에너지화된다는 것이다. 동·식물이 교미하는 순간, 사람의 경우 술에 취해 정신이 혼미해진 상태거나, 몸에 좋지 않은 음식과 약물을 먹었거나 하는 등의 악 조건 속에서 잉태되었을 경우를 말한다. 그렇다면 '어떻게 파동 난조를 흩어 낼 것인가?'가 중요한 문제이다. 병의 원인을 추적하고 흩어내기 위한 노력 없이 건강을 얻기 위해 몇 가지 약이나 타인의 힘으로 얻을 수 있다고 생각하는 것은 어리석다.

병마 에너지는 고유의 주파수를 가지고 있어 그 주파수에 치명적인 파동을 사용해 강력하고 정확한 방법을 동원해야만 흩어 낼 수 있다. 여기에 본인의 의지와 노력은 필수이며, 왜 단식으로 속을 깨끗이 비워야 하는가를 이해하게 될 것이다.

그렇게 해서 그 암 환자는 우선 두 가지 암세포를 축소시키는데 성공해 아들이 있는 중국으로 돌아가게 되었다. 그 후의 소식을 듣지는 못했지만 본인의 강한 의지와 노력이 있었다면 다시 건강한 모습으로 자신의 수명대로 살고 있으리라 믿는다.

다시 내 친구의 얘기로 돌아가면 제3의학을 연구하는 사람으로서 나는 수술보다 자연치유의학을 해보자고 권유했다. 그러나 이미 친구의 가족들은 현대의학 처치 방법으로 마음을 정한 상태였다. 결국 수술과 항암제 처방, 방사선 요법은 내 친구를 중환자로 만들어 버렸다. 그리고 5개월 후 친구는 현대의학의 한계를 증명이라도 하듯 세상을 떠났다.

약 20일 후에 비슷한 일이 일어났다. 모든 사건이 우연이 아닌 유사한 파동에 의한 필연에 의한 것임을 느끼게 하는 사건이었다.

오래전부터 나와 절친했던 O 음반사 사장님의 긴급한 호출이 있었다. 이유를 물으니 두 번째 맞이한 젊은 부인(딸 하나를 낳은 아주 젊은 나이였다)이 신장암 진단을 받았다는 것이었다. 현재는 너무나 건강하고 본인은 수술로 암 부위만 떼어내면 무리 없이 살 수 있으리라 믿고 그렇게 하기를 원한다는 것이었다. 그 음반사 사장님은 나이가 70에 가까웠지만 부인은 이제 막 40대에 접어든 미모의 부인이었다.

집에 도착하니 내 친구 집과 마찬가지로 진수성찬으로 저녁상을 차려놓고 있었다. 환자인 부인은 사우나에 가고 없었다. 부엌일 하는 아주머니의 안내를 받아 식탁에 앉았지만 그때와 마찬가지로 나는 숟가락을 들 수가 없었다. 나쁜 일을 많이 겪어 왔기 때문이었다. 목욕탕에서 돌아온 부인의 한마디 한마디는 나까지 지옥으로 끌고 가려는 것만 같아 혼이 났다. 그 순간 혼미해 지는 것을 가누지 못했더라면 아마 그때쯤 나도 넋을 놓아 버렸을지 모른다.

나는 그녀에게 TV와 전자레인지 컴퓨터 등의 전자파를 멀리하고 식탐과 약을 줄여 되도록 심플하게 생활하기를 권유했다. 그러나 내가 충고를 할 때 마다 부인은 버럭 화를 내기 일쑤였다. 그녀는 말끝마다 남편의 단점, 전처 소생의 아들, 딸의 단점을 들추며 원망과 저주의 파동을 내뿜고 있었다. 자신은 인생을 잘못 살지 않았기 때문에 반성할 필요도 이유도 없다는 것이었다. 몇 시간을 그녀의 탁하고 악한 기운 속에서 헤매다가 겨우 빠져 나오려는데 마침 퇴근하던 음반회사 사장님과 대문 앞에서 만났다. 나는 그 자리에서 이렇게 말하고 말았다. "최소 6개월, 최장 1년입니다. 그 이상 더 살면 내 손에 장을 지지겠습니다." 그러자 그는 "병원에서는 몇 년은 더 살 거라고 했는데……." 너무 심하게 말한 것에 대한 후회도 있었지만, 욕심 많은 그 부인은 부정적인 에너지로 자신의 생명을 갉아 먹고 있었던 것이다. 그리고 머지않아 그녀는 세상을 뜨고 말았다.

사람과 음식을 죽이는 전자파

병에 관해 이야기 할 때 전자파를 논하지 않을 수 없다. 특히 전자레인지의 전자파는 음식의 구조를 바꾸고 자연 상태에서는 찾아 볼 수 없는 괴이한 분자구조를 만들어 낸다고 한다. 그래서 러시아에서는 1970년대 중반부터 정부차원에서 전자레인지 사용을 규제하고 있다. 조사 결과 전자레인지는 뿌리 채소의 분자구조를 파괴하고 육류, 유제품, 과일 등에서 발암 물질을 만드는 등 아주 위험한 암을 유발하는 유리기를 증가시킨다는 것이다.

또 식물성 영양소 갈락토시드, 니트릴로시드, 알카로이드, 글루코시드 등 물질 대사에 반드시 필요한 2차 물질이 현저한 감소율을 보인다고 한다. 1989년도 〈랜싯〉에 실린 전자파의 유해성을 폭로한 논문을 보면 우유의 전 아미노산인 영양소가 모두 파괴되었고, L-플롤린이라는 영양소가 신경계와 신장에 해로운 물질로 변환되어 검출되었다.

일본을 비롯해 지하철(전자파)과 자가용 이용률이 많은 나라의 사람들이 만성질환을 호소하는 사람이 많다는 것은 이제 남의 얘기가 아니다. 식당에서 흔히 보는 식기 소독용 기구도 전자파를 이용하는 도구로 주의를 요한다. 실생활에 편리하다는 이유로 자주 쓰게 되는 전기기구, 광파기기들은 빠르고 편리해서 좋기는 하지만 그 대가는 엄청난 결과로 돌아온다. 이것은 현대를 사는 우리의 실상이며, 과학 문명의 혜택이 안겨준 폐해이다. 패스트푸드 음식은 거의 전자레인지에 들어가 전자파를 듬뿍 받은 후 고객에게 전달되는데 이러한 사실을 인식하고 먹는 사람은 없을 것이다.

건물 주변의 고압선과 자동문, 자동차 엔진, 지하철, 휴대폰, 컴퓨터 및 복사기, 광파(光波)오븐레인지, 고가(高價)의 돌침대, 청소기의 전자파 등 이루 다 헤아릴 수 없다. 암을 비롯한 각 장기의 전자파 증후군을 알아보고 잘못된 몸을 위한 철저한 식이요법을 소개한다.

각 장기에 나타나는 전자파 증후군

자율 신경계	순환계	내분비계	근육·피부
두통, 피로, 권태감, 식욕저하, 의욕저하, 신경쇠약, 불안정, 기억력 감퇴, 부분소실, 눈꺼풀 경련증, 손가락 떨림	심폐 기능의 불안정, 부정맥, 손발저림, 혈압의 변화, 심전도 이상, 잦은 코피, 어지러움, 심장발작, 돌연사, 혈중 히스타민 저하	갑상선 이상, 정력감퇴, 유선분비부전, 어린이의 이상 조숙, 월경 패턴의 변화, 난자 형성의 감소	수족의 경직, 근육통, 다한증, 탈모, 피부 얼룩, 온도 감각의 저하, 앞머리·옆머리 당김, 혈관확장(손가락 파래짐), 백내장, 각막염증, 가물거림, 안구 통증, 짖은 눈물(취구), 폐광 체험(빛을 못 봄), 흰 물체를 보지 못함, 구토증, 귀울림, 환청, 어지러움, 후각능력 저하, 사물의 인지 능력 저하, 유산, 불임, 기형아 출산, 여아 출산율 증대, 다운 증후군

단식은 굶기만
하는 게 아니다

단식은 신체와 정신의 조화를 위한 이상적인 단련 방법이다. 장독대의 강순남 원장은 툭하면 '똥자루를 비워라!' 하고 야단을 친다. 동양인은 서양인보다 비교적 장의 길이가 길다. 보통은 자기의 키보다 8배가 길다는 보고가 있다.

소장과 대장 속에는 적게는 약 4kg에서 많게는 8kg, 배가 남산만한 사람은 12kg의 변이 차있는데 그 숙변이 빠져 나가지 않기 때문에 정체되어 썩고, 이상 발효를 일으켜 고혈압, 당뇨, 심장병 등 각종 난치병을 일으킨다. 음식을 먹으면 그것을 소화시키느라 몸 안의 산소가 부족해져 각종 유리기의 서식처가 되고, 면역력 부족의 결과를 초래해 각종 병이 우리의 몸과 정신에 침투하는 것이다. 그래서인지 요즘은 단식을 하려는 사람들이 증가해 단식원이 인기를 끌고 있다. 그러나 사람들은 아직도 바쁘다는 핑계로 자연의 섭리를 거슬러 살며 몸에 좋지 않은 기운을 체질로 만들고 있다.

단식은 인간에 잠재되어 있는 생명력을 되살리려는 데 목적이 있다. 번데기는 단식하는 동안의 축적된 힘으로 고치를 뚫고 나와 나방이 된다. 곰은 동면하는 동안 비축한 힘으로 새끼를 낳는다. 맹수는 치명적인 상처를 입었을 때 동굴 속에서 단식을 한다. 병원에서도 수술 후 환자에게 단식을 시킨다. 의학계에도 자연치유라는 이름의 생명력을 인정하고 있기 때문이다. 특히 백혈병, 피부암, 탁한 혈액, 각종 암의 가능성이 있는 사람의 경우 탁월한 효과를 보지만, 과체중인 사람, 식탐이 많은 사람, 어린이 비만, 하체·복부비만, 스트레스성 비만, 변비로 인한 비만, 술 등에 의한 야식성 비만, 산후 부종으로 인한 비만, 갱년기 비만, 비·위장이 나쁜 사람, 간(지방간 외)·담이 나쁜 사람, 과민성 대장염, 당뇨증(인슐린 비의존성), 췌장이 나쁜 사람, 불면증과 과열 체질, 알레르기 체질, 정신적 공허감과 피해의식에 사로 잡혀 있는 사람, 양약·한약을 많이 먹은 사람, 외국으로 장기 출장을 가는 사람, 산소 부족증을 느껴 머리를 맑게 해야 하는 수험생, 창의력과 계발 프로그램을 수행하는 사람, 각종 프로젝트를 창출해 내는 연구원, 한쪽으로만 치우치는 운동선수(골프, 탁구, 정구 등), 컴퓨터를 장시간 대하는 사람들, 미세 먼지 등을 많이 먹는 시장 상인, 공해 속에서 노동하는 노동자, 장시간 앉아서 작업을 해야 하는 샐러리맨, 성직자, 교육자, 각종 업무 스트레스로 만성병, 잔병이 많은 사람 등 거의 모든 사람에게 단식은 필요하다.

그러나 단식은 아무나 하는 것이 아니다. 단식을 하기 위해서는 몇 가지 주의 사항이 있다. 예비 단식 때 각 체질의 병리를 다스리는 음식 재료 중 1~2가지를 곱게 갈아 죽을 쑤어 천천히 입안에서 100번 정도 씹어 침과 함께 삼켜야 하고, 너무 뜨겁거나 찬 음식은 해로우므로 피해야 한다.

우리나라의 암 사망률은 먹을거리와 관련이 깊은 위암이 1위, 환경과 관계가 깊은 폐암이 2위이며 먹을거리와 스트레스가 관련이 높은 간암이 3위를 차지하고 있다. 일상생활에서 먹을거리의 중요성이 얼마나 큰가를 생각하게 하는 결과이다.

단식이 갖는 최대의 가치

단식은 수 세기 전 영적으로 거듭 나기 위해 행해졌던 종교의식의 하나였다. 신에게 자신을 낮추는 행위의 하나로 영혼과 육체의 강건함을 위해 행해졌던 단식은 이제 한의학에서 음식이나 약물의 과부하나 과체중 또는 비만으로 오는 질병과 난치병을 치료하는 목적으로 시행되고 있다. 이 오묘한 치료 행위를 정치적인 목적이나 세상의 관심을 집중시키려는 목적으로 이용해 못마땅할 때가 많다. 투쟁의 목적은 투쟁을 일으킬 뿐, 올바른 단식 수행이 아니기 때문이다.

얼마나 쓸데없는 것을 많이 먹어 노폐물이 쌓여 있으면 단식이라는 처방을 내릴까? 미래의 치료 방법으로도 제시되는 단식은 비과학적이라는 비난에도 불구하고 마니아들이 꾸준히 늘고 있는 추세다.

이 치료 방법은 일체의 음식 섭취를 중단하고 한의학적으로만 관리하는 방법을 쓰는데 유의할 점은 단식을 강압적으로 무작정 굶는다고 생각해 부정적인 에너지(생각)를 가질 때는 부작용이 뒤따른 다는 것이다. 부정적인 생각을 가지고 단식을 하게 되면 오히려 단식 후 몸이 더 나빠진다. 단식의 목적이 분명하고 환자 자신이 이에 대해 긍정적일 때 최대의 효과를 볼 수 있다. 단식이 가지는 최대의 효능과 가치는 다음과 같다.

단식의 효능과 가치

효능과 가치	내 용
전신을 깨끗하게 하자는 가치	자동차의 엔진 오일을 교환할 때 기존의 혼탁해진 기름을 말끔히 없앤 후 새 오일을 붓는 것처럼 더럽고 혼탁한 더러워진 피 등을 깨끗하게 하고, 더러운 것을 비워 새로운 윤활유로 몸과 정신을 만들자는 데 그 목적을 둔다.
위를 튼튼하게 하는 가치	평생 하루도 쉬지 않고 무엇인가를 먹어 온 현대인들의 위장은 뇌가 자고 있는 동안에도 소화시키는 일에 지쳐있고 혹사당하고 있다. 소화기관을 쉬게 하고 위산의 주요 성분인 염산의 적정 수준을 조절해 위의 본래 크기를 찾는 데 목적이 있다.
필요한 물질을 제거하는 가치	간을 쉬게 하고 불필요한 일보다 간이 하고자 하는 일에 집중하게 할 수 있다. 췌장이 별도의 소화효소를 만들지 않고 설탕이나 당분 섭취를 처리하는 데 혹사하지 않게 하는 데 목적이 있다. 장 내의 유익한 박테리아를 적정수준으로 유지하고, 원래 상태의 장으로 회복하는데 그 목적이 있다. 숙변 제거와 함께 기생충의 수를 대폭 줄이는 목적이 있다.
종교적 가치와 고차원 의학을 추구하는 가치	신은 육체적인 포만감으로 하는 기도는 들어주지 않으며 영적으로 가치를 인정받기 어렵다는 것이 중론이다(40일 금식한 어느 종교 지도자의 하얗던 머리가 새까맣게 돋아난 것을 목격한 바 있다). 나 역시 어쩌다가 불필요한 음식을 먹거나 위가 불편하면 주저 없이 반 단식 또는 효소절식(조절식), 짧은 단식, 수산화마그네슘, 커피 관장 등의 방법으로 몸을 처치한다.

고질적인 병에서 벗어나 건강한 생활을 영위하고자 하는 사람이라면 단식은 '한 번 해볼까?' 가 아니라 반드시 해야 하는 절체절명의 과제이다. 짧게는 18~48시간, 길게는 14박 15일 단식 등을 실행해야 할 것이다. 빠른 시일 내에 책에 첨부 된 설문지를 체크해 상담을 거친 후 혼자서 또는 부부끼리 엉망이 된 몸과 마음의 제 모습을 찾기 위해 단식에 도전하기를 권한다.

특히 암이 걱정되는 사람, 각종의 불치병, 난치병에 고통 받는 사람은 하루도 늦출 여유가 없다. 과식, 야식, 폭식, 편식, 소금을 잘못 먹은 사람, 당분을 많이 먹은 사람, 인스턴트 음식으로 알레르기 체질과 암 체질이 되어 버린 사람은 한시가 급하다. 단, 당뇨병과 혈액을 투석하는 신장병 환자는 사전에 예비절식을 충분히 한 후 실행하는 것이 안전하다.

단식을 위해서는 먼저 구충제, 수산화마그네슘, 관장기 같은 준비물이 있어야 한다. 준비물이 갖추어지면 시행 전날 구충제를 복용해 기생충을 없애야 한다. 약국에서 수산화마그네슘을 구입해 1회 약 2g을 복용(시중약국 판매용-1정 500mg)한다. 1일 2회 아침과 밤 공복에 음양탕(뜨거운 물 1/2에 찬물을 채운 미지근한 물 2컵)을 복용하고 고무 튜브로 된 관장기 1개(본인만 사용)로 묵은 변(숙변)을 빼낸다. 단식을 위한 준비가 다 되었으면 다음과 같이 단식을 시작한다.

❶ 단식을 하게 되면 전체적으로 몸이 차가워지기 때문에 추운 겨울보다는 따뜻한 늦봄 ~ 여름에 에어컨이 없는 한적한 곳에서 시행한다.

❷ 다음 조절 단식표를 참고해 묽은 죽을 만들어 시행하고 싶은 단식 일수만큼 예비 절식(균형과 적응 시간을 위해 조절한다)을 해 둔다.

  • 14(2주일)일 예정이면 최소한 14일간은 예비 절식을 하는 것이 바람직하다.

❸ 배(복부)를 따끈하게 데워 줄 수 있는 팩을 준비한다. 하루(관장이 끝난 오전 중) 약 4~5시간 체질별로 겨자나 피마자유, 된장으로 배 마사지나 찜질을 시행한다.

- 찜질 방법 : 면직물을 상복부와 하복부, 옆구리까지 덮이도록 넉넉한 길이로 준비하고 따뜻하게 덥힌 피마자유를 흠뻑 적셔 배(환부)에 덮은 후 찜질용 팩을 그 위에 얹어 약 4~5시간 똑바로 누운 채 잔다. 급·만성 간병이나 내장 질환에 혈액이나 산소가 몰려 빠르게 회복과 독소 배출을 유도할 수 있다. 마사지를 하기 위해서는 도우미가 필요하며 짝이 있으면 서로에게 해주면 손쉽게 할 수 있다. 마사지는 배꼽에서 시계방향으로 돌려주면서 자기 나이만큼 해야 효율적인 피마자유 마사지 치료법이 된다.

- 피마자유 마사지 요법은 1800년 미국의 영능력자인 에드가케이시에 의해 개발되었으며, 그 후 유능한 제자들에 의해 지금까지 전해오는 신유의 요법이다. 피마자의 학명은 그리스도의 손바닥(Palm of Christ)이라는 뜻으로 신유요법의 대명사로 불린다. 성경에서 소개된 여러 가지 실질적인 치유 요법이 있지만, 대표적인 케이스가 피마자유 요법임을 인식하면 효과도 빠르다. 치료 에너지가 피부를 통해 필요한 곳을 치료하는 원리로 오늘날 부직포를 통한 파스(고추파스 등)의 기원으로 해석해도 좋다. 같은 방법으로 겨자를 따끈하게 풀어 사용하기도 한다. 금·화 체질은 오래된 아주 짠 된장을 이용하면 체질에 맞는 효과를 볼 수 있을 것이다.

❹ 예민한 목·수 체질은 비슷한 체질끼리 모여서 시행하면 유리하다.

반대되는 체질에게서 스트레스를 받을 수 있기 때문이다. 스트레스는 곧 독이다. 단식 중의 스트레스는 목숨을 위협한다. 부부와 형제간이라도 으르렁거리는 관계라면 절대로 같이 단식을 해서는 안 된다. 언젠가 기도원에서 금식기도 중 스트레스로 사망하는 사건을 보았다. 속을 모두 비워 가뜩이나 예민해진 몸과 정신에 남편의 무책임한 폭언이 죽음을 부른 사고였다.

❺ 금·화 체질은 몸에 열이 많은 체질이기는 하나 추운 겨울보다는 이른 봄이나 이른 가을이 단식을 하기에 적당한 시기이다. 덥다고 해서 인위적으로 에어컨이나 선풍기를 사용하기보다는 부채질로 대신하는 것이 몸을 자연으로 되돌리는 방법이다.

❻ 단식을 시행하면 몸 안의 독소가 분해되면서 각종 오폐물과 냄새가 진동하는데 체질별 목욕을 하루에 2~3번 할 필요가 있다. 양치질은 여러 번 하되 반드시 계면 활성제나 인공향이 첨가되지 않은 숯으로 만든 치약이나 소금으로 양치를 하는 것이 풍치와 충치를 치료·예방하는 데 좋다.

❼ 수산화마그네슘은 물에 잘 용해되지는 않지만 위에 들어가면 위산과 접촉해 중화되며 점막에 대한 수렴성을 가져 점막 염증 등에 소염의 효과가 있는 것으로 알려져 있다. 위나 그 밖의 대장 등에 별다른 자극 없이 배변을 유도하고 묵은 숙변을 빼내는 역할을 하므로 반드시 필요하다.

❽ 단식을 마친 후 가장 중요한 것은 보호식 프로그램이다. 어렵게 식이

요법을 한 후에 보호식을 소홀히 하면 절반의 성공만을 이룬 격이 된다. 단식 14일이면 보호식은 그 2배인 약 28일 동안 체질식으로 멀건 죽을 먹어야 한다. 그리고 점차 된죽에서 체질에 맞는 밥상으로 가되 식탐을 줄이고, 겸허한 자세로 마음을 가다듬어 평상심을 유지해야 한다.

여기 까지가 성공적인 단식을 위한 요법이다. 성공적으로 단식을 마치고 나면 기대 이상의 효과가 일어난다. 예를 들어 60세의 폐경 노인에게 월경이 돌아와 회춘을 하거나 약으로도 못 고치던 희귀병, 난치성 질환이 치료되기도 하고, 불임이 치유되어 건강한 아이를 갖는 경우도 있다. 전립선 비대증이나 생식기병이 치유되어 젊음을 되찾아 70대 노인이 자식을 낳게 되는 등 기적 같은 일이 일어나기도 한다.

암을 정복한 가수
방주연의 정신세계

앞에서 밝힌 것처럼 저자는 암으로 엉망이 된 몸을 위와 같은 방법을 이용해 새로운 몸으로 만들었다. A형 수 체질인 내가 한참 병마와 싸워야 했을 때는 혈액암(임파선암) 3기였는데, 키 158㎝ 에 68kg으로 평상시 체중보다 몸무게가 20kg이나 불어난 심각한 상태였다. 그 체험은 《늘 푸른생》이라는 책에 밝힌 바 있다. 다시 생각하고 싶지 않은 일이지만 경각심을 주는 의미에서 몇 가지 이야기하려고 한다.

나는 의사가 많은 집안에 시집을 갔다. 의사라는 직업은 '의술은 인술' 이라는 히포크라테스 정신을 거론하기 전에 밤낮으로 아픈 사람만 상대해야 하는 엄청난 스트레스에 시달리는 직업이다. 외과 의사였던 시아버님은 늘 넘쳐나는 환자와 외과 수술로 과로가 누적되어 있었고, 몸에 베인 피 냄새를 없애기 위해 담배를 피우는 습관이 있었다.

그런데 아이러니하게도 암 환자를 고치는 시아버님께서 암에 걸리신 것이었다. 생각해 보면 병의 원인은 수없이 많았다. 쓴 입을 달콤한 초콜릿으로 달래고 하루에도 수십 잔의 커피를 물처럼 마시고 수십 개의 담배는 독약이었다. 하루도 밥상에서 빠지지 않는 육식을 선호하는 식습관과 부부간의 갈등 등 크고 작은 이유들이 부정적인 에너지가 되어 암의 원인이 된 것이다.

시아버님은 50대 중반에 들어서면서 체중이 급격하게 줄기 시작했다. 암은 코 속에 생기는 암이었는데 희귀병인 비인강암이었다. 당시 의사였던 친구로부터 암 선고를 받았는데 비슷한 시기에 의사였던 처남도 뇌졸중 진단을 받았다. 아마 시아버님도 충격이 크셨을 것이다. 그러나 당대 최고의 권위를 자랑하는 S대 출신의 의사였던 시아버님은 난치병을 끌어안고 지내면서도 자존심 때문에 누가 알새라 쉬쉬하면서 지내셨다. 남에게 알리지는 않았지만 당신은 각종 독한 항암제, 방사선 등의 치료를 시작했다. 그러나 병을 인위적으로 고칠 수 있는 것이 아니라는 것을 알았을 때는 너무 늦은 때였다. 집안에 유명한 의사, 한의사, 약사가 진을 치고 있었지만 자연의 섭리를 배제한 방법으로는 그 누구도 살려낼 방법이 없었다.

한 가족의

불행이 어느 날 갑자기 한꺼번에 몰려올 수 있다는 것을 그때 깨달았다. 불행은 부정적인 에너지가 유입되어 여러 곳으로 파급된다는 것을 깨달은 것도 그때였다.

시아버님이 암으로 더 이상 회복할 수 없다는 사실이 확실해졌고 작은 시댁 아버님이 다른 의사 일행과 일본의 세미나에 참석한 후 신칸센 기차 안에서 고혈압과 뇌졸중 심화로 그 자리에서 절명하는 사건이 일어났고, 그 후 20대의 작은 시동생이 혈액암으로 수개월 만에 사망했다. 그뿐이 아니었다. 작은 아가씨가 부모의 결혼 반대로 자살하는 소동이 벌어졌다. 연이은 가족의 불행에 한숨도 제대로 쉬지 못하는 틈을 타 욕심 많은 집안의 한 어른이 조상님들의 묘 자리를 운운하며 우리 가족을 상대로 소송을 벌이기도 했다. 그런 와중에 시어머니는 폭언으로 나를 괴롭히고 몰아붙이기 일쑤였다. 모든 일이 맏며느리 탓이라는 것이었다. 시어머니 자신도 맏며느리였는데도 감당하기 어려운 불행을 나에게만 몰아붙이곤 했다.

나는 저항할 힘도 없이 모욕적인 언행을 감수해야만 했다. 알고 보면 시아버님은 당신의 고질적인 식습관과 생활습관으로 인해 현대인이 치러야 할 대가를 치른 셈이었다. 신칸센 기차 안에서 절명하신 작은 아버님도 불룩 나온 배를 관리하지 못하고 몸속에 암세포를 키운 결과였다.

계속되는 집안의 불행으로 한숨이 그치지 않았던 나는 가족들의 곱지 않은 눈초리에 정말 기(氣)가 막혀갔고, 몸과 마음이 망가지기 시작했다. 세상살이가 싫어졌고, 죽어버리면 끝이라는 생각까지 하게 되었다.

집안의 흉사로 먼저 간 망령들이 꿈에 나타나 나를 괴롭히기 시작했다. 말할 수 없이 몸이 약해져 시골 병원에 요양 차 입원을 했는데 의사 선생님은 나에게 암이 생긴 것 같다는 진단을 내렸다. 살 길이 있으니 염려하지 말라고 했지만 암 선고는 그야말로 마른하늘에 날벼락이었다. 집안의 불행을 수습하느라 정신없이 보내는 동안 좋지 않은 기운이 퍼져 나도 모르는 사이에 암세포가 자라고 있었던 것이었다. 나도 얼마 남지 않아 죽을 수밖에 없는 몸이었다. 나는 내 몸을 위해 할 수 있는 일이 아무것도 없었다. 암에 걸리면 무조건 죽는다는 것을 내 눈으로 확인했기 때문에 희망이 없었다.

나는 앉아서 죽음을 기다리느니 내가 먼저 목숨을 끊겠다고 결심했다. 더 이상 삶을 살아갈 힘이 없었기 때문이었다. 문득 어렸을 때 사라호 태풍이 지나갔던 부산의 자살바위가 생각났다. 친구와 같이 갔다가 친구는 불귀의 객이 되고 나만 살아 돌아왔던 그 바닷가가 나를 부르는 것 같았다. 나는 임신한 몸을 이끌고 오직 죽어야 한다는 생각에 부산행 기차에 몸을 실었다.

부산역에 내려 자살바위까지 택시를 타고 가면서 나는 오직 죽음만을 생각하고 있었다. 그러나 자살바위 꼭대기에 서서 자살을 결심하려고 난간을 넘는 순간 해양경찰대에 발각되어 구조 아닌 구조를 당했다. 그때야 비로소 나는 나의 목숨이라도 목숨은 쉽게 끊을 수 있는 것이 아니라는 생각이 들었다. 나를 구조해 준 해양경찰대 아저씨는 나에게 죽을 힘이 있으면 그 힘으로 살기 위해 노력하라고 충고했다. 나는 어쩔 수 없이 죽지도 못하고 서울로 오는 기차에 몸을 실었다. 죽으려는 노력이 수포로 돌아간 상태에서 나는 며칠을 어떻게 살아야 하나 고민했다. 그때 나는 죽을 힘이 있으면 살기 위해 노력하라는 해양경찰관의 말을 상기하면서 지푸라기를 잡는 심정으로 단식요법을 시도했다.

암 체질이 된 몸, 거기다 임신까지 한 몸으로 단식을 결심하기란 쉽지 않은 일이었다. 그러나 나는 '죽으면 죽고 살면 살리라'를 마음 속으로 외치며 2주간의 단식에 들어갔다. 친정식구와 주변 사람들의 걱정과 염려는 모두 무시했다.

그들이 비록 내 부모와 형제라 해도 내 인생을 대신 살아 주는 것이 아니었고, 그러한 걱정과 염려는 방해만 될 뿐이었다. 한번 사는 인생, 정말 사람다운 삶이 무엇인지 알고 싶었다. 그리고 시아버지의 목숨을 담보로 한 저주 받은 아이가 아닌 건강하고 훌륭한 아이를 낳고 싶었다.

2주간 단식을 하면서 나는 체내에서 독소가 빠져 나갈 때는 얌전히 그냥 빠져 나가는 것이 아니라는 것을 체험해야 했다. 체내의 독소들이 빠져 나갈 때는 반드시 그 대가를 톡톡히 요구했다. 내가 가지고 있던 질병과 똑같은 증상을 짧게는 2~3일 동안, 길게는 4~7일 동안 이루 말할 수 없는 고통이 찾아왔다. 그 고통은 그만큼 내 몸이 나쁠 대로 나빠진 상태라는 것을 말해주는 신호였다.

수많은 병원균이 죽어 나가는데 그만한 대가가 없겠는가 하는 생각도 들었지만 너무나 참기 힘든 고통이었다. 고통 때문에 일시적으로 증세가 악화되는 것 같았지만 병원균이 토해내는 독이 요동치는 것이라는 사실을 알고 참았다. 그 동안 병을 고쳐 보겠다고 수많은 약을 먹어 온 나의 실수를 뼈저리게 반성했다.

나빠진 몸도 몸이었지만 뱃속에 아이까지 있었기 때문에 단식을 하는 데는 두 사람 몫의 에너지가 필요했다. 원기가 부족해지면 기진맥진해서 누워 있기가 일쑤였다. 단식이 끝나갈 무렵에는 옆에 있는 전화기를 손으로 끌어당길 힘조차 없을 정도의 빈사상태를 경험하기도 했다.

그러나 나는 단식하기 얼마 전 임사체험의 필자인 P.M.H 에드워터 박사의 《임사체험기》를 읽어 그에 관한 실질적인 사례를 알고 있었고, 유사 학술 세미나에도 참석했었기 때문에 죽음에 대한 두려움은 없었다. 오히려 몸이 허공에 뜬 것처럼 가벼웠고, 어두운 터널을 지나 강한 빛과 무지개를 보는 듯한 기분을 느낄 수 있었다. 고통과 환희라는 이중주를 맛본 2주였다. 그 기간은 고통스러운 세상에서 살다가 행복의 세상으로 간 듯한 체험의 시간이었다. 그것이 바로 임사체험이었던 것이다. 임사체험 때문인지 몸에서 배출되는 오물의 지독한 악취도 향기롭게 느껴졌다.

미국에서는

실제로 인구 20명 중 1명꼴로 임사체험을 했다는 갤럽의 조사 결과가 있다. 임사체험은 1970년대 레이몬드 무디(Raymond Moody)의 연구를 계기로 체계적으로 논문화되어 학문적인 연구가 이어져 오고 있다.

임사체험 관련 논문들을 보면 임사체험을 하고 나면 몸은 물론, 정신세계가 한층 업그레이드되어 영재성과 천재성이 살아난다고 한다. 나 역시 임사체험 후에 창의력이 고조되는 것을 느낄 수 있었다.

임사체험과 단식을 한 후 나는 건강한 아들을 낳았고, 병마로부터 해방된 기분이었다. 뿐만 아니라 가수로서의 활동 외에도 강의와 집필 활동을 할 수 있는 능력도 생겼다. 더 나아가 나의 체험을 바탕으로 발명 특허를 준비해 특허출원을 했고, 나의 건강법을 보급할 수 있는 건강증진 랜드를 설립하는 등 가수, 학자, 강사, 엄마, 저자의 일인 5역을 소화하며 보람된 삶을 살아가게 된 것이다.

임사체험(Near-death experiences, NDEs) 또는 근사체험(Near Death Experience)이라고도 하는 이 용어는 미국 정신과 의사인 레이먼드 무디가 만든 용어로 죽음의 문턱까지 갔다가 살아 돌아 온 사람들이 죽음 너머의 세계를 엿본 신비스러운 경험을 의미하며 현재 공론화 된 학회로도 자리 잡고 있다.

우리나라는 미국의 임사체험 학회와는 성격이 좀 다르지만 2005년 6월 이화여대 최준식(49) 교수가 학회장을 맡으며 죽음학회를 설립했다. 죽음이 인간의 운명인가에 관한 명제를 다루고 죽음을 슬픈 일이라는 생각보다는 주어진 삶을 아름답게 살다가 맞이하는 행복한 순간으로 받아들이자는 취지도 있다. 의료보건 분야의 삶의 질을 연구하는 학자와 신학자, 종교학자를 중심으로 현실과 죽음을 재조명하고 현세보다는 내세를 위해 좀 더 진지한 자세를 고취시키는 사후문제를 다루는 아주 뜻있는 연구 모임이다. 이 연구가 자리 잡으면 죽음에 대한 두려움보다는 사망하는 날까지 어떻게 살아야 하는가에 더 치중하게 될 것이라는 의견이 지배적이다. 실제로 나는 주변에서 의연한 자세로 죽음을 맞이하는 사람을 거의 보지 못했다.

1970년도 내가 데뷔하던 당시 가요계의 스타로 자리 잡고 있던 〈낙엽 따라 가버린 사랑〉을 부른 차중락씨와 〈돌아가는 삼각지〉, 〈안개 낀 장충단 공원〉, 〈마지막 잎새〉 등의 히트곡을 남긴 배호씨가 젊은 나이에 사망하는 일이 있었다. 배호씨는 공개방송이나 극장공연이 있는 날 분장실에서 간이 의자에 기대어 가쁜 숨을 몰아쉬곤 했다. 그는 종종 "돼지고기에 체하지 않았다면 내가 이렇게까지 되지는 않았을 텐데……."라고 말하곤 했다. 그는 체질에 맞지 않는 음식을 먹고 체하는 바람에 그 지경이 된 것을 후회하면서 먹을거리를 보면 치를 떨곤 했다.

그의 질병은 물론 다른데서 시작되었다. 신장병이었다. 몸의 색이 점점 누렇게 짙어지면서 거무스름해졌고, 퉁퉁 부어오르는 것이 신장과 콩팥의 병이었다. 나도 병이 온 후에야 알았지만 특히 화 체질과 수 체질은 신장과 방광의 병을 조심해야 하고, 자신의 체질에 맞지 않는 음식을 조심해야 한다.

그와 내가 마지막으로 함께 했던 공연은 한 여름 변산 해수욕장의 공개방송이었다. 그날은 유난히 소낙비가 많이 내렸다. 동료 가수들과 나, 그리고 방청객들은 선배의 마지막 공연을 안타깝게 지켜보고 있었다. 결국 행사를 끝으로 선배는 응급실에 실려 갔고 곧 타계하고 말았다.

배호, 차중락 선배님의 사후(死後) 일부에서는 가수들의 죽음이 숙명이라는 듯 얘기하기도 했고, 그들이 부른 노래를 거론하면서 징크스를 운운하기도 했지만 징크스도 분명 자신이 만든 파동 에너지다. 가수들은 늘 노래를 부른다. 특히 이별의 노래를 부를 때는 이별의 아픔을 삭이면서 자신의 생체 에너지를 분열하는 에너지로 각인해 고정시킨다.

이러한 사실은 일본의 에모토 파동센터를 통해 세상에 알려진 것으로 증명이 되었다. '물(음악)은 답을 알고 있다' 라는 연구를 통해(KBS 스페셜에 소개된 바 있다) 우리 생체의 물이 우리가 생각하고 말하고 부르는 노래와 듣는 말의 정보를 기억하고는 그대로 자신의 생체정보 속에 각인시키는 것을 파동 과학으로 증명해냈다. 그때 배호씨가 제3의학과 파동의학을 알았더라면 병을 고칠 수 있었을 텐데 하는 아쉬움이 남는다.

고등학교

2학년 때 노래가 너무 좋아서 나는 가수가 되어야겠다고 결심을 했다. 가수가 되기 위해 수많은 시간 동안 피나는 훈련을 해야 했다. 너무 힘들 때면 포기할까도 생각했다. 하지만 부모 몰래 작곡가에게 갖다 바친 수강료와 대학입학금이 아까워서라도 나는 가수가 되어야만 했다. 나는 꿈을 이루기 위해 일본의 모모한 학교에 유학을 가겠다고 거짓말을 하고 집을 나왔다. 다행히 일본에서 프로덕션 사업을 하던 아는 언니의 도움으로 학교에 다닐 수 있었다. 하지만 그것도 여의치 않아 중도에 포기해야 했다. 그러나 사실을 부모님께 알릴 수 없어 나이 19살에 일본의 나이트클럽에서 전속가수 노릇을 하기도 했다. 말이 전속가수지 객석에 사람이라곤 없었고, 무대에 올라가 노래하는 일이 허다한 삼류 대접을 받던 시절이었다. 부모님을 생각하면 괴로운 일이었다. 말도 통하지 않고 문화도 낯선 이국땅에서의 생활로 급기야 병이 났고, 일본 유학 2년 만에 들것에 실려 한국으로 돌아와야 했다. 그 동안 부모님 속을 어지간히도 괴롭혔다. 그것을 무엇으로 갚을 수 있을까? 그래서 내가 큰 병을 얻었던 것일까? 그렇게 마음고생 끝에 1971년 내 나이 21살에 신곡 〈꽃과 나비〉로 나는 대중에게 알려지기 시작했다.

그러던 어느 날 〈꽃과 나비〉가 방송 금지곡이 되었다는 통보를 받았다. 왜색이 그 이유였다. 또 미니 스커트에 구두를 신지 않은 앨범 사진이 두 번째 이유였다. 지금은 금지곡에서 해제되었지만 선배 가수 이미자의 〈동백아가씨〉도 별다른 이유 없이 금지곡이 되었고, 양희은의 〈아침이슬〉이 금지곡이 되었던 시대였다. 그러나 신인가수로 겨우 자리를 잡아가고 있는 시기에 데뷔곡이 금지되었다는 것은 큰 악재였다. 독재정부를 탓하며, 우울한 나날을 보내야 했다. 당시에는 드럼을 치는 일이 스트레스를 날려 보내는 약이었다. 그리고 새로운 마음으로 툭툭 털고 일어나 다른 곡으로 다시 출발하면서 나는 성장하고 있었다.

이후 〈그대 변치 않는 다면〉이 인기를 얻기 시작하자 하루에 1,000여 통의 팬레터를 받는 등의 기록을 세우며 나는 인기가수 대열에 올랐다. 그 노래는 정통 트롯으로 데뷔했던 내가 포크송을 잘 한다는 평가를 받도록 한 곡이었다. 트롯을 부르는 것은 당시 위험한 모험이었기 때문에 금지될 염려가 없었던 통기타 반주의 노래는 세인의 관심을 끌었었다. 이장희, 송창식, 김세환, 윤형주씨가 당시 포크계를 주름잡던 시절의 일이었다.

그 여세를 몰아 MBC 드라마 OST 〈정(情-후에 조용필 씨도 불렀다)〉이 인기를 얻었다. 그 시절 〈정〉이라는 간판을 붙인 다방(커피숍)이 지방마다 있었던 것을 보면 그 인기를 짐작할 수 있다. 뒤이어 불후의 가요명곡이라 불리는 〈당신의 마음〉이 인기를 이어갔고, 〈기다리게 해놓고〉는 〈아! 대한민국〉의 작사가인 시인 박건호씨를 가요계에 데뷔시킨 곡이되기도 했다. 나는 계속해서 〈자주색 가방〉, 〈공항 대합실〉, 〈연화〉, 〈수선화〉 등의 히트 곡으로 가요역사를 기록한 가수가 되었다. 70년대 중반까지 인기 가도를 달리던 나의 취입 곡은 LP판으로 40여 장이었고, 노래는 수 백곡에 달했다.

한 마디로 그때의 나는 노래하는 기술자였다. 요즘 가수들은 한 곡을 히트시키고 나면 재충전의 시간을 가지면서 몸과 마음을 가다듬지만, 그때의 나는 노래하는 앵무새였고 노래하는 기계였다. 내 몸은 나의 것이 아닌 레코드사의 것이었다. 그러면서도 쉬고 싶다는 말 한번 꺼내보지 못했다.

가수 출신의 이수만 사단이나 박진영 사단은 한국 가수들의 위상을 국제 무대에 옮겨 놓았다. 가요계의 치열한 라이벌전을 국제 무대로 확대시킨 공로는 틀림이 없다. 지금도 여전하지만 가요계의 라이벌전은 각양각색이다. 각 레코드사나 프로덕션이 지향하는 히트 전략에 따를 수밖에 없는 것이 가수의 입장이다.

1971년 〈여고시절〉이라는 노래를 두고 이수미와 옥신각신한 사건이 있었다. 당시 이수미와 나는 둘도 없이 친한 한 레코드사에서 한솥밥을 먹은 동료가수였다. 내가 먼저 취입 결정을 해놓은 상태라고 해도 작곡가나 레코드사의 입장에서 얼마든지 가수를 바꾸어 곡을 취입을 할 수 있었기 때문에 이수미와 나는 본의 아니게 치열한 공방전을 펼치며 기자들의 카메라 후레쉬를 받고 세인들의 입방아에 오르내렸다. 지금 생각하면 참 철없고 어리석은 생각들이었다. 이것은 상호 발전을 위한 선의의 경쟁심리가 아니었기 때문이다.

당시에는 남진과 나훈아의 라이벌전이 절정이었다. 지금도 각 가수의 팬클럽이 상대 가수를 비방하면서 팬클럽끼리 서로 다툼을 벌이기도 하는데 시민회관에서 벌어진 소주병 난동 사건은 그 대표적인 예다.

나 역시 가수생활을 하며 CBS 방송에서 DJ를 맡고 있을 때 매일 수십 통의 협박 편지를 받았다. 내용은 짤막했지만 끔찍한 표현들이었다. 'DJ를 당장 그만두지 않으면 쥐도 새도 모르게 죽이겠다', '집 앞에서 칼을 들고 대기하겠으니 내일 아침에는 집에서 나올 생각도 하지 마라'는 식의 협박이었다. 누구의 짓인지 짐작은 했지만 담당 PD와 나는 수개월 동안 하루도 빠짐없이 날아오는 협박 편지에 시달려야 했다. 그런가 하면 목포 MBC 개국 행사 때는 숙소에서 나와 공연장을 향해 가다가 만난 건달들에게 폭행을 당하기도 했다. 그들은 TBC TV(현 KBS 2TV)의 7대 가수 선정을 들먹거리며 나에게 무차별적인 폭력을 휘둘렀다.

노래가 좋아서 가수가 되었지만 가수라는 직업을 유지하기 위해 자의든 타의든 노래를 사냥하고, 그것이 당연한 나의 일이라 착각해 안과 밖을 구분하지 못했던 나는 절대로 상업적인 가수의 틀을 벗어날 수 없었다.

1974년 8월 15일, 육영수 여사가 8.15 경축식장에서 문세광이 쏜 총에 사망한 바로 그날, 나는 부산에서 공연을 하고 있었다. 1년에 한번 지방 팬을 위한 순회공연을 했는데 공연을 시작한지 며칠 안 되던 그날 국가적인 큰 비극이 일어났던 것이다. 당연히 조의를 표하기 위해 모든 예술 행위와 가무(歌舞)는 금지 될 수밖에 없었다.

그때 나는 가수를 그만두고 싶은 충동을 강하게 느꼈다. 영부인의 죽음을 애도하는 마음에서 가무를 삼가하는 마음도 있었지만 그쯤에서 노래부르는 일을 그만 접고 싶었던 것이다.

공연이 취소되자 부산 전역에 뿌려져야 할 포스터가 무용지물이 되어 쓰레기통으로 들어갔고, 사람들의 발에 밟혀 나갔다. 그것을 지켜보며 나는 '명예와 부귀는 바로 저런 것이다' 하고 깨달았던 것이다. 몸과 정신이 노곤하기 시작했던 것도 바로 그때였다.

2006년 운명을 달리한 세계적인 비디오 아티스트 백남준 선생이 '예술은 사기다' 라고 했던 말을 빌리지 않더라도 나의 예술 세계는 노래를 무기로 한 상업주의였고, 그 대가로 내 몸은 망가졌다. 돌이켜 생각해 보면 자그마한 체구로 참으로 무지막지한 스케줄을 감당했던 것 같다.

서울과 부산을 오가며 8회의 공연을 해야 했을 때는 전세 비행기를 타고 먼 길을 날아다녀야 했다. 밥 먹을 시간이 없어 오가는 길에서 빵으로 허기를 때우고 살았으니 건강이 망가지지 않을 수 없었던 것이다.

그러한 생활이 습관이 된 나는 늦게 시작한 공부도 한 가지 학습만으로는 만족하지 못했다. 문예 창작을 하면서 국제법무학을, 종교철학과 노동학을,

경영학, 자연치유학, 의리학 등 책을 보는데도 사냥을 하듯 보는 일이 많았다. 일단 많은 책을 쌓아두고 마구 넘기며 필요한 것만 밑줄을 긋고 보는 것이다. 그리고 시간이 되면 자세히 보는 그 습성이 습여성성이 되었다.

나는 지금의 후배 연예인들에게 일등 연예인들이라고 말한다. 그들은 당당하게 쉬고 당당하게 일하기 때문이다.

이 시대의 코미디언과 개그맨들 역시 일등 연예인이다. 배삼룡 선생님은 바보도 잘 먹고 잘 살 수 있음을 보여주었고, 갈갈이 박준형은 세상의 한을 이빨로 갈아버린다. 미친소 정찬우와 김태우는 세상의 작태를 통쾌하게 꼬집어 웃음을 전한다. 김미화, 김원희가 세상에 내뱉는 호탕함이 부럽다. 박승대 사단의 개그맨들은 하고 싶은 말을 개그로 승화해 웃음을 전하며 개그계의 기둥으로 우뚝 서 있다.

강호동, 유재석 특히 노홍철은 그 행동이 아무나 할 수 없는 티끌 없는 행동이다. 박명수는 때와 장소를 가리지 않는 호통의 명수(名手)다. 인류 말쟁이다. 그러나 나는 쉬고 싶다는 말도 하지 못하고 노래하는 기계로 살아왔다. 일에 소모된 에너지는 보약과 양약으로 채울 수 있을 것이라 생각했다. 누구보다도 인기에 연연했고, 세상의 약이 나를 살리는 줄 착각하고 약을 보따리에 가지고 다니면서 먹었다. 정말 밑바닥 인생을 살아 온 것이었다.

결혼할 나이가 되어 유난히 의사가 많은 집안의 남편을 택하게 된 것도 사랑이라는 감정보다는 내 무의식 속에 녹아있는 아픈 몸과 병을 해결해야겠다는 생각 때문이었다. 나의 인생은 진정한 사랑이 없는 하급의 인생이었다. 앞에서 밝힌 나의 결혼 생활은 그렇게 시작된 것이다. 결국 병으로 신음하던 끝에 나는 대체의학을 접했고, 모스크바 제3의과 대학의 배려로 러시아의 셀프 힐링을 전수 받아 학위를 받아 제2의 인생을 살게 되었다.

그때 당대의 여배우 두 사람과 트로이카로 유명했던 N 배우가 유방암 진단을 받고 내게 고통을 호소해 왔다. 나는 정통의 생명본질론과 체질별 식단을 비롯한 셀프 힐링의 방법을 전하는데 열과 성의를 다했다. 처음에는 잘 실행하는가 싶었다. 암이 발발한 몸은 특히 음식에 있어 냉철한 비판력으로 엄격하게 조절해야 하기 때문이다. 그러나 그녀는 컨디션이 조금이라도 괜찮아지면 이내 예전의 잘못된 식습관으로 돌아가는 것이었다. 의사 선생님이 항암제를 견디려면 입에 당기는 대로 잘 먹어두라고 했다며 고집을 피우기 일쑤였다. 답답하고 한심한 생각이 들었지만 그녀의 고집을 꺾을 수 없었다. 목숨은 그의 것이었고, 선택은 그녀에게 있었기 때문이다.

결국 그녀는 병원의 처방을 따라 치료를 하게 되었고, 끝내 항암제와 독한 진통제를 맞으며 젊은 생을 마감했다. 그와 반대로 자신을 잘 관리해 신앙생활을 바탕으로 건강하게 지내고 있는 여배우 고은아씨가 있다. 소리 없는 웃음을 짓던 그 분은 지금쯤 주름살도 감사하며 살고 계실 것이다.

북한으로 납북되어 탈출과 승리의 대장정을 걸었던 최은희 씨를 만난 때를 잊지 못한다. 지금도 건강한 모습으로 TV 화면에 가끔 나타나시는데 납북되기 며칠 전, 당시 유명했던 호텔의 VIP 실에서 나와 마주한 적이 있다. 최 선생님은 나를 예뻐하셨는데 자신과 같이 홍콩에 가서 영화 촬영도 하고, 공연 겸 가극(歌劇)을 하자고 제의해 오셨다. 생각해 보겠다고는 했지만 내심 같이 가고 싶었다. 하지만 신곡이 나왔을 때라 무대를 비우면 지장이 많을 것이라는 레코드사의 전략 때문에 정중히 거절해야 했다. 그리고 며칠 후 최 선생의 납북 소식을 전해들은 것이다. 그 사실을 알고 얼마나 가쁜 숨을 몰아쉬었는지 모른다. 최 선생님은 긴 여행 끝에 다시 서울로 돌아오셨다. 오래 오래 건강하시기를 바랄 뿐이다.

나의 삶에서도 엿볼 수 있듯이 우리의 인생은 순간의 선택이 전체 인생을 좌우하고, 우리가 선택한 것은 천성처럼 굳어진다. 오랜 기간 잠재해 있다가 때가 되어 발현되는 것이므로 급하게 약물이나 수술 등의 방법을 따른다고 쉽게 고쳐지는 것이 아니다.

토인비 박사는 현대의학을 수렵의학이라고 표현했다. 수렵의학은 병 세포만 쓰러트리는 것이 아니라 병 세포가 존재하는 체내의 전후좌우까지 공격하는 방법이다. 오랜 기간 서서히 생겨난 만성병인 현대병은 되돌려 놓는 시간을 넉넉히 잡고 묵묵히 자연의학으로 치유해 나가야 한다.

97년부터 나의 실학정신과 제3의학은 K대학과 몇 몇 대학원에서 지금까지 이어오고 있다. 그것을 실천하는 과정에서 병든 사람들을 만나다보면 '차라리 몰랐으면……' 하는 생각이 들 때도 많다. 너무나 안타까운 일이 많기 때문이다. 물론 보람된 일도 많았다. 긍정적인 사람일수록 스스로가 얼마나 귀중한 존재인지를 알고 있고, 질병을 자연의학적으로 완치하려는 실행정신도 강하다. 환자들이 자신의 고정관념을 버리는데 남달리 노력하는 모습을 볼 때 가장 큰 보람을 느낀다.

가요계의 신예그룹인 모 레코드사의 B 사장은 자신의 암을 긍정적인 사고로 전환해 자연의학으로 암을 완치했다. 그 후 가수 Y와 결혼해 인생을 새 출발함으로써 자신의 노력과 마음만 있으면 '불가능은 없다' 는 사례를 남긴 일화로 기록되어 있다.

분명히 나 아닌 다른 것(의사)에 의지하는 의타심으로는 절대 자신의 병을 해결할 수 없다. 긍정이라는 에너지와 부정이라는 에너지의 결과는 살아남는 길과 죽는 길이라는 것을 인식해야 한다. 죽음을 맞을 때가 되면 티베트의 라마승처럼 스스로 산으로 올라가 육신을 독수리 밥이 되게 하는 지극히 낮은 자세와 고고한 정신을 택하자는 것이 아니다.

죽음학회의 숭고한 뜻처럼 얼마나 행복한 삶을 살다가 어떤 죽음을 맞느냐의 품위 있는 죽음은 아니라 해도 이 약, 저 약 먹어가며 병을 고치려고 하느니 자신의 상태를 겸허하게 수용하면서 자연의학을 실천해 보고 갈 때가 되면 묵묵히 가자는 것이다.

이제는 죽은 후 좋은 곳에 묻어 달라고 유언하는 일도 사라졌으면 한다. 좁은 땅에 내 죽은 육신으로 자연을 더럽히고, 오염시켜 후손들에게 물려줄 필요는 없지 않은가? 그런 의미에서 요즘 대두되고 있는 '수목장'은 의미가 큰 장례형식이다. 많은 재산을 세상에 남기고 가면서 '화장해 달라'고 유언한 SK그룹 故 최종현 회장의 정신을 높이 평가하고 싶다.

송나라의 학자 주신중(朱新仲)은 인생오계(人生五計)라 하여 인생행로를 태어나 살아가면서 계획하는 생계(生計), 몸을 잘 다스리는 신계(身計), 집안을 평안하게 잘 꾸려가는 가계(家計), 노후를 대비해 궁상맞지 않도록 알차게 마무리하는 노계(老計), 죽음을 맞이할 때 어떤 철학으로 죽음을 맞이할 것인가를 생각하는 사계(死計)의 다섯 가지로 훈계하였다. 죽음학은 초연한 자세로 삶을 다시 한번 생각하게 하는 학문이다.

단식은 영재성을 높여준다

딸아이가 초등학교 6학년, 아들이 초등학교 4학년 때였다. 둘 다 A형 목 체질이었는데, 축농증과 비염, 알레르기가 심해 코가 막히면 잠을 못잘 정도로 괴로워했다. 특히 아들은 친가 혈통을 이어받은 탓과 가을 초입에 태어난 금 체질로 환절기 감기와 폐, 대장 기능이 늘 말썽을 부렸다. 당연히 남편은 의사 본연의 자세로 1년이라는 긴 시간을 통해 아이들을 약에 찌들게 만들었다. 자녀들이 고생하는 것을 엄마로서 두고 볼 수만은 없었다. 나는 아이들에게 단식을 시도하기로 결정했다.

방학을 기다려 14일을 예정하고 예비 단식을 시작으로 본 단식에 들어갔다. 3~4일이 지나 배가 고파진 아이들은 왜 이런 것을 해야 하느냐며 나를 미워하기 시작했다. 그때 아이들과 얼마나 실랑이를 했는지 지금도 아이들에게 미안한 심정이다. 그러나 나는 단식의 놀라운 경험을 체험했기 때문에 아이들에게 끝까지 강요할 수밖에 없었다. 아이들은 2층 3층에 있는 자기 방으로도 힘이 없어 올라가지 못하겠다며 울어 댔다. 그러나 나는 아이들이 포기하지 않게 하기 위해 단식이 끝나면 맛있는 것을 다 사주겠노라 약속하며, 용돈 액수를 써서 계단에 놓기도 하고, 아이들이 갖고 싶어 하는 옷 그림, 장난감 그림을 올려놓기도 했다.

일주일 정도가 지나자 아이들은 배고픈 감각을 잊었고, 지금까지 잘해 왔으니 끝까지 잘하고 싶다는 생각에 용기를 내기 시작했다. 아이들은 아빠가 병원에서 가져오는 약과 주사를 맞지 않아도 되는 것이 좋았던지 대견스럽게 잘 따라 주었다. 두 아이는 무사히 단식을 끝내고 건강한 몸이 되었다. 지금도 당시의 자료를 보면 만감이 교차하는 것을 느낀다. 단식을 하기 전만 해도 축농증 때문에 머리가 아파 제대로 공부도 하지 못한 아이들이었다. 그러나 아들은 유학 후 명문대학을 졸업하고, 군 복무를 무사히 마치고 제대했으며 딸은 지금 동양음악을 연구하면서 어린이들의 국악교육을 펼치고자 학업을 이어가고 있다.

아들은 유학 중 17세(1996년 11월)의 나이로 말레이시아 국빈 초청으로 방문한 김영삼 대통령의 일행의 동시통역을 맡아 어린 나이에도 불구하고 하루 통역비 수십만 원을 받기도 했다. 물론 그 며칠을 위해 여러 날을 집에 전화도 하지 못하고 극비에 붙여진 고된 훈련을 감당해야 했다. 어찌 되었건 대견한 일이 아닐 수 없었다. 나는 그 모든 일이 단식을 비롯한 철저한 식이요법과 자기 관리가 아닐까 생각한다. 하늘은 반드시 열심히 정진하는 사람에게 선물을 준다는 것을 명심하면 세상에 우리가 하지 못할 일은 없는 것이다. 지금까지 소개한 바와 같이 임신한 몸도, 아이도, 자신의 굳은 의지만 있으면 얼마든지 스스로 제3의학의 의사가 되어 자신의 몸을 스스로 관리해 병을 예방하고 치료할 수 있다. 뿐만 아니라 의식의 세계를 고차원으로 끌어 올려 자신을 영재로 만드는 인생의 전환점을 만들어 낼 수도 있다.

암의 재발은 나를 한층 더
성숙한 인간으로 만들었다

1991년은 가수 방주연의 유명세만큼이나 여기저기서 공연
제의가 많았던 때였다. 한 마디로 눈코 뜰 새 없
는 시간이었다. 그렇게 바쁜 와중에 재일교포 출신 후배 가수가 나에게 일
본 공연을 제의해 왔다. 나는 후배 4명과 일본 공연을 가기로 약속했다. 가
수를 하면서도 나의 암을 극복할 수 있었던 대체의학에 매료되어 공부를
하고 있었던 터라 일본의 고차원적인 의학계를 살펴볼 겸 가기로 마음을
먹은 것이었다.

그런데 막상 일본에 도착하니 웬일인지 일본 측에서는 나를 제외하고는
후배들만 데려가 공연을 진행하는 것이었다. 이용당한 것 같은 기분이 들
었지만 참고 지내는 수밖에 없었다. 나는 그 시간을 이용해 평소에 관심을
가지고 있었던 일본의 대체의학에 관한 책들과 전문가들을 만나느라 일본
공연을 까맣게 잊고 지냈다.

그리고 얼마간의 시간이 흘렀다. 그동안 후배들은 장기 공연으로 벌어들
인 돈을 주체하지 못해 도박에 빠지기도 했고, 자기들끼리 다툼을 벌이기

도 했다. 결국 이러한 불미스러운 행동이 화근이 되어 일본 측에서는 우리에게 계약 기간이 끝나기 전에 한국으로 퇴출할 것을 명령했다. 우리는 일본 측이 계약을 어긴 것에 대해 프로덕션에 항의도 하고 옥신각신 다투기도 했다. 나중에 알게 된 사실이지만 일본 측의 프로덕션은 후배들에게 마땅히 주어야 할 출연료를 주지 않을 속셈으로 공부만 하고 있던 나를 핑계삼아 우리를 내쫓다시피 한 것이었다. 한국으로 돌아온 후배들은 전후 사정 가릴 것 없이 분풀이를 나에게 쏟아 붓기 시작했다.

잡지사는 좋은 기사라도 잡았다는 듯 사실도 아니고 있지도 않은 추측성 기사로 나를 헐뜯었다. 급기야 나는 후배들의 금품을 노린 사람으로 몰려 아무런 죄도 없이 경찰서를 오가며 몇 날 며칠 조사를 받아야 했다. 기가 막혀 견딜 수가 없었다. 물론 그 충격은 지금까지도 남아있다. 경찰서 앞에만 가도 심장이 멎을 것 같은 것이 그 후유증이라 여겨진다.

결과적으로 그 일은 무고한 연예인을 엮어 기사화하려는 모 신문 잡지사와 경찰의 건수 올리기 식의 욕심이 부른 잘못으로 밝혀졌다. 나는 그때의 치욕을 잊을 수 없어 무고죄와 명예훼손죄로 당사자들을 고발했다.

결국 담당 수사관은 파면되었고, 후배들은 무고죄로 고발을 당해 도망다녀야 했으며, 추측 기사를 쓴 잡지사의 기자는 좌천·파면되었다. 나는 거기서 끝내지 않고 국가와 잡지사와 후배들을 상대로 120억의 소송을 제기했다. 그러나 소송 액수가 많은 만큼 인지대가 너무 많이 들어 경제적으로 나에게 막대한 손실을 안겨준 일생일대의 쇼크였다.

1년 동안 나는 법원을 오가며 스트레스로 가득한 고통의 나날을 보내야 했다. 그리고 결국 그 고통 속에서 몸에 또 다른 역병(疫病)을 키우게 되었다. 끊임없는 악전고투 속에서 신음하던 어느 날 당시 치안본부장의 공식

사과문과 공직자의 파면, 후배들의 사죄문이 배달되었지만 그것은 나의 건강을 돌려놓는 데 아무런 도움이 되지 않았다.

나는 역병을 하늘이 시련을 통해 깨달음을 주려는 메시지로 받아들였고, 이것을 극복하기 위해 이를 악물고 셀프 힐링의 세계로 뛰어들었다. 셀프 힐링(Self Healing Mechanim)이란 화학 약품과 같은 타력이 아닌 자력(自力)으로 자신의 생명을 관리하는 자연치유 의학이다. 결국 나는 셀프 힐링을 통한 자연치유법으로 재발한 암을 극복할 수 있었다.

세상에 대한 미움과 분노를 버리고 낮은 자세로 살아야겠다고 결심했고 좀 더 세상을 관대하게 보려고 노력했다. 그리고 이러한 계기가 나를 섭생 의학인 제3의학자의 길로 들어서게 만든 것이다.

'은인과 원수를 구분해 잊으라' 는 말의 뜻을 다시금 되새기며 타인으로 하여금 나를 덕으로 여기게 하는 것은 덕과 은혜 모두를 잊게 하느니만 못하다는 것, 그리고 원수는 은혜로 인해 생길 수 있으므로 나의 은혜를 알게 하는 것은 은혜와 원수를 모두 없애는 것만 못하다는 것을 비로소 알게 된 것이다.

단식, 일주일만 해도
병이 물러간다

지금 우리 청소년들의 몸에는 잘못된 식습관과 행동으로 인한 오폐물이 얼마나 차지하고 있을까? 그러한 오폐물이 가득 찬 머리로는 공부를 해도 머리에 들어오지 않는다. 머리가 복잡하니 세상에서 제일 편안한 집도 자연스레 싫어진다. 머리와 가슴이 터져 나갈 것 같은 답답함과 생리현상으로 몸과 마음은 더욱 집에서 멀어지고만 싶다.

모든 병의 원인은 입을 통해 들어오는 것이 대부분으로 먹어서 생기는 것이다. 내가 어렸을 때는 간식이라고 해봐야 군고구마, 알사탕, 동네 앞에서 팔던 풀빵이 전부였다. 먹을거리가 별로 없었기 때문에 그것들조차 감지덕했던 그런 때였다. 당시 사람들에게는 영양실조가 가장 큰 병이었다. 그러나 과거에 비해 먹을 것이 풍부해지고 다양해지면서 병도 점점 다양해졌음을 우리는 알고 있다. 잘못된 식습관이 우리의 몸을 망치고 마음을 병들게 하는 원인인 것이다.

내가 초등학교에 다닐 때 학교에서 회충 검사를 한다며 회충을 잡아 오라고 한 적이 있다. 회충을 잡으려면 배변을 통해 밖으로 나온 회충을 잡아야 했는데 방법이 없었던 찰나 그날따라 어머니가 쓰시던 재봉틀 위에 놓인 병 속의 음료가 마시고 싶어졌다. 단숨에 그것을 벌컥 벌컥 마시고 매스꺼움에 한참을 고생했는데 신기하게도 다음날 회충이 죽어서 나오는 것이었다. 알고 보니 내가 마신 음료는 재봉틀 기름이었다.

뱃속에 회충이 많으면 휘발유 냄새가 싫지 않고, 담배 연기를 은근히 맡게 되는 원리와 파동 원리를 공부하고 난 후에야 알게 되었다. 회충은 휘발유 냄새를 맡으면 기절을 하게 되고 몸 밖으로 빠져 나오게 되는 것이다. 그러나 이제 몸 안에 기생하는 회충들도 면역력이 강해져 그 옛날의 방법으로는 어림없다.

언젠가 스무 살 여대생이 부모님을 앞세우고 나를 찾아왔다. 그녀는 위암에서 생식기로 암이 전이된 상태였는데 지푸라기라도 잡고 싶은 심정에 상담차 나를 찾아온 것이었다. 나는 그녀에게 자연치유법에 대해 알려주었다. 병의 원인을 깨달아 단식을 통해 스스로 병을 치유하는 방법이라는 것을 알려주고 돌려보냈다. 그러나 그 후 그녀에게서 소식이 없었다. 제대로 실행하지 않아 사고가 난 것이 분명하다는 생각이 들었다. 전화를 걸어보니 역시나 죽었다고 했다. 처음에는 내가 가르쳐준 대로 자신을 관리하다가 어느 정도 병이 호전되자 방심하여 원래의 생활습관으로 돌아갔다는 것이다. 결국 그녀는 그동안의 식습관을 버리지 못해 죽음을 재촉한 것이다. 참으로 안타까운 일이었다.

러시아의 파동의학은 좋은 것을 먹거나 취하자는 방법이 아니라 우리가 스스로 몸에 쌓은 노폐물을 빼내는 고차원 의학임을 인식해야 한다.

다음은 실제로 나의 가족이 체험한 일주일 단식을 위한 예비 조절식 표이다. 가족이 단식으로 성공하자 많은 사람들이 비결을 물어 왔고, 그 방식대로 꾸준히 따라해 지킨 사람들은 좋은 결과를 보았다. 독자들 중에 양약으로 완치하지 못한 병을 갖고 있는 사람이 있다면 다음의 예비 조절식 표를 실행해 보도록 권유한다. 조절식 표에 나와 있는 현미는 반드시 유기농 현미를 써야 한다.

예비 조절식 표

일자	방 법
1	체질별 야채를 약간씩 섞은 된 죽 반 공기, 담북장 반 공기, 체질별 김치 약간 (소금기 보통)
2	김치를 뺀 된죽 반 공기와 담북장 반 공기, 체질별 야채 국 약간
3	〃
4	〃
5	〃
6	주루룩 흐르는 죽 반 공기, 체질별 야채 국 약간(소금기 약간)
7	〃
8	〃
9	〃
10	〃
11	아주 묽은 체질 죽 1/3 공기, 체질별 야채 국 1/3 공기 (소금기 無)
12	〃
13	〃
14	체질별 현미 홍색 쌀, 녹색 쌀, 자광미, 쌀 씻은 물 반 공기(소금기 無)

일수	식 사 량	주 의 사 항
1일	1/2의 죽(매끼니)	식사량을 절반으로 줄임
2일	된죽 한 그릇(매끼니)	체질별 반찬 선택
3일	묽은 죽 한 그릇(매끼니)	체질별 반찬 선택(소화제 복용)
4일	묽은 죽 1/2 그릇(매끼니)	체질별 반찬 선택(소화제 복용)
5일	미음 한 컵 (매끼니)	소화제와 설사제(조 · 석 공복 시 복용)

1일 단식 방법

1일 단식이란 하루 동안 식사를 건너뛰는 것을 말한다. 일주일에 1번, 한달에 4번 정도 실행하면 좋다. 잡식으로 인해 헐거나 염증을 유발할 수 있는 위, 간장, 신장, 대장 등을 하루 정도 쉬게 해줌으로써 성인병을 예방할 수 있다. 특히 과체중으로 고심하는 사람의 체중 관리에 도움이 된다. 1일 단식법은 위험 부담이 없고, 전문가의 도움 없이 혼자서도 충분히 할 수 있다는 점, 일상생활에 지장을 주지 않는다는 등의 장점이 있다.

1일 단식 시행 방법

❶ 먼저 1일간 예비감식(아침에는 각 체질에 맞는 손수 만든 과일 주스와 음양탕(뜨거운 물 반 컵에 찬물 1/4 컵을 채운 물-물의 대류기질을 이용한다)만 마신다. 이때 물을 충분히 마시도록 한다.

❷ 1일간 단식을 실행한다(엄밀하게 말해 조절식이다).

단식 당일 아침에 각 체질별 과일주스 200cc, 점심에는 미지근한 물,
저녁에는 직접 만든 체질별 야채주스 200cc를 마신다.
❸ 하루의 보호식 기간을 갖는다.
아침에 체질별 죽 반 공기, 백김치와 해조류(김), 점심은 미지근한 물만
마신다. 저녁에는 체질별 죽 반 공기, 백김치, 체질별 나물을 먹는다.
❹ 점심은 각 체질별 미음(죽) 1공기와 백김치, 한 가지의 해조류를 먹
는다.
❺ 저녁에는 미지근한 물을 마신다.
❻ 정상 식사로 돌아가되 체질별로 소식을 하는 습관을 기른다.

1일 단식의 효과

1일 단식을 하게 되면 하루에 필요한 에너지를 몸에 축적되어 있는
지방이나 혈관에 쌓여 있던 콜레스테롤을 연소시켜 사용하는
항상성 유지 시스템이 가동되기 때문에 조절식에 대한 스트레스만 없다면
신체는 단식한 만큼 청소를 하는 결과를 볼 수 있다.

토요일 아침에는 잠자리에서 일어나 음양탕이나 체질에 맞는 과일이나
채소를 직접 갈아 조금씩 천천히 마신다. 가벼운 스트레칭과 심호흡 운동
을 하고, 오전 동안 편안한 마음으로 음악을 듣거나 독서를 한다.
정오쯤, 다시 물(음양탕) 한 컵을 천천히 마시고, 1시간 정도 낮잠을 자
거나 가벼운 운동을 하며 수시로 물(음양탕)을 마신다. 오후 2~3시에는 1
시간 정도 밖으로 나가 햇볕을 쬐며 산책을 한다(비타민 D 생성을 위한 햇
볕 쏘이기).
저녁이 되면 음양탕 물 1~3컵을 마시고 일찍 잠자리에 든다. 일요일도

전날과 같은 방법으로 하루를 시작한다. 가급적 오전 중에 관장을 한다. 조용한 공원 등에 가서 걷기와 휴식을 취한 뒤 오전 10시, 12시, 1시, 2시, 오후 4시에 각각 음양탕을 마신다. 오후 6시가 되면 단식을 중단하고 체질별 과일, 야채수프 등을 먹는다.

* 오전·오후에 반드시 사워를 하되 인공향이 첨가된 비누보다는 소금물에 전신을 담구고 가급적이면 천연 샴푸와 숯 치약을 쓴다. 월요일 아침에는 체질별 식사를 가볍게 하고 일상생활로 돌아간다.

14일 단식 방법

14일 단식법은 전문가의 지도 하에서 이루어지는 단식을 말한다. 4일간의 준비단식, 7일간의 본 단식 그리고 3일간의 정리단식으로 이루어진다.

준비 단식 시 주의사항

❶ 단식에 대한 스트레스를 없애는 프로그램으로 음악요법, 아로마 요법 등을 시행한다.

❷ 매일 체중을 측정해 기록한다.

❸ 수산화마그네슘 복용으로 체내의 노폐물을 제거해 깨끗한 정신과 몸 상태를 만들기 위한 단식을 준비한다.

❹ 술, 담배, 커피 등 기호품과 자극적인 식품은 먹지 않는다.

❺ 매일 요가나 스트레칭 체조를 한다.

본 단식 시 필요한 자세

❶ 매일 관장을 실시해 숙변을 제거한다.

❷ 화학성 물질의 화장품, 비누, 샴푸, 치약 등의 피부 접촉을 금한다.

❸ 매일 온수로 목욕하고 내의를 갈아입는다.

❹ 가급적 누워있지 않도록 한다.

❺ 요가나 스트레칭 체조, 단전호흡, 명상, 음악요법을 실시한다.

   본 단식 3일째까지는 괜한 공포감(Hunger Pang)을 갖지 않는다.

본 단식표

일 수	식 사 량	주 의 사 항
1일	생수 5~6홉(설사제 복용)	생수보다는 음양탕(물)을 마심
2일	생수 5~6홉(관장 실시)	하루 2~3ℓ
3일	생수 5~6홉	단식하는 사람의 체질에 따라 과일주스,
4일	생수 5~6홉	꿀 등을 추가할 수도 있다.
5일	생수 5~6홉	

마무리 단식 시 주의사항

❶ 음식을 먹을 수 있다고 해도 철저한 절제가 필요하다.

❷ 인체에 자극적인 음식(매운 것, 짠 것, 단 것, 가공식품 등)을 과식하지 않는다.

❸ 단식으로 인해 회복된 몸에 맞는 체질별 식사(채식, 생식, 해조류 등)을 하도록 한다.

❹ 마무리 기간은 본 단식으로 생긴 인체의 급격한 충격에서 완전히 회복 될 때까지 본 단식일 수의 약 5배 기간이 소요된다. 요가와 스트레칭 체조, 음악요법, 단전호흡, 명상을 계속하도록 한다.

❺ 감량된 체중을 지속적으로 유지하기 위해서는 올바른 식습관을 익혀야 한다. 다도를 익혀 차로 건강을 유지해 나가면 금상첨화다.

일자	방 법	주 의 사 항
1일	흑미 12분도 미음 1/3 공기, 체질별 과일즙 1/2컵(소금첨가 없고 반찬 없음)	제시된 것 이외의 것은 금식
2일	현미 8분도 미음 2/3 공기, 체질별 야채, 과일 소량	단 끼니 사이에 배가 고프면 체질별 주스나 꿀차 한 컵을 먹는다.
3일	현미 묽은 죽 1/2 공기, 체질별 야채, 과일 소량	죽 이외의 야채 등으로 배를 불리면 안 된다.
4일	현미죽 1/2 공기 체질별 야채, 과일소량, 부드러운 나물	체질별 야채 죽, 깨죽이나 잣죽 등 조금 많이 먹고 싶은 욕망이 생기면서 다른 음식도 먹으려 한다. 그러나 기다려야 한다.
5일	흑미 6분도 1/4 공기, 야채, 과일, 채소 (반찬은 나물류, 미역국)	짠 것, 매운 것, 단 것 등은 피한다.
6일	흑미 6분도 1/3 공기, 체질별 야채, 과일 (나물, 해조류, 된장국)	식사는 오래 오래 100번 씹어 즐기며 삼킨다.
7일	흑미 6분도 1/2 공기, 체질별 야채, 과일, 채소 소량 섭취	급한 마음에 서둘러 빨리 체력을 회복하려고 과욕을 부리면, 실패할 수 있으므로 조심해서 회복 프로그램으로 몸과 정신을 다져야 한다.

야채효소 단식 방법

야채효소 단식법은 원래 일본의 이토겐지 박사가 유행을 시
킨 방법으로 성공하기 위해서는 자신의 체질에 맞
는 효소를 구하는 것이 관건이다. 야채효소 단식법은 야채효소를 이용해
하루 동안 단식하고 29일 동안 효소 보호식을 하는 방법이다. 단식의 순서
는 다음과 같다.

야채효소 단식 순서

❶ 단식 첫날 아침에 일어나 바로 관장을 한다.

❷ 야채효소 원액 60cc에 냉수를 2~3배 부어 천천히 씹어서 마신다.

❸ 점심과 저녁때도 마찬가지로 한 잔씩 마신다.

❹ 다음날부터 29일 동안은 아침에 일어나서 한번, 잠자기 직전에 한번,
하루에 2번 야채 효소액을 마신다. 이때는 야채효소 원액 30cc에 냉
수를 3~4배 타서 마신다.

❺ 아침, 점심, 저녁 식사는 보통 때처럼 먹어도 되지만 가급적 체질에 따라 평상시 식사량의 70~80% 정도를 먹는 것이 좋다.

야채효소로

조절식을 하는 동안에는 식사, 수면, 배변, 배뇨 운동 등을 규칙적으로 해야 한다. 조절식 기간 동안 사람에 따라 방귀가 나오거나 땀이 나거나 대소변의 횟수와 색깔 등이 달라지는 경우가 있으나 자연적인 현상이다. 가끔 여드름이 돋거나 피부가 붉게 되는 전신발진, 습진 등이 생기는 경우가 있는데 이것 역시 산성화된 체질이 개선되는 현상으로 걱정할 필요는 없다.

야채효소는 완전한 단식을 시행하기 어려운 상태거나 용기가 나지 않거나 수월하게 단식을 하고자 하는 사람에게 해당되는 요법이다. 체질별로 볼 때 화 · 금 체질은 봄에, 수 · 목 체질은 초여름이 좋다.

시행하기 전에 예비(준비)식을 단 며칠이라도 충실하게 해야만 한다. 야채 효소는 먹는 포도당 수액으로 상당한 열량과 에너지를 갖고 있다. 각자의 체질에 맞는 재료를 엄선해 집에서 직접 발효를 시켜 준비해 필요할 때마다 꺼내 먹으면 안전하고 편리하다. 효소 요법을 하는 순서는 다음과 같다.

효소 요법 순서

❶ 재료는 유기농으로 사람이 먹는 야채나 과일, 약초를 고르되 자신의 체질에 맞게 준비한다.

❷ 준비한 야채를 잘 씻어 물기가 빠질 때까지 채반에 담아둔다.

❸ 과일은 3~5㎝ 크기로 썰고 야채와 약초도 썰어서 준비한다.

❹ 재료와 올리고당(음 체질은 꿀)의 비율은 1:1이다.

❺ 잘 씻어서 물기를 완전하게 빼 두 40 *l* 이상 용량의 항아리에 재료 한

켜, 당분 한 켜의 순서로 쌓는다.(단 유리 항아리는 빛이 새어들지 않게 해야 한다.)

❻ 땅에 묻거나 아니면 그늘진 곳에 놓는다.

❼ 날씨에 따라 다르지만 3~4일이 경과되면 재료의 수액이 흘러나와 있는데 이때부터 하루 한 번씩 반드시 나무주걱으로 재료를 뒤집어 준다.

❽ 여름철에는 곰팡이가 필 우려가 있기 때문에 자주 뒤집어 주고, 겨울에는 아침 · 저녁으로 뒤집는다.

❾ 효소액 분리 시기는 계절에 따라 다르지만 대략 10~14일이면 효소액이 나온다.

❿ 한약을 짤 때처럼 삼베, 무명천으로 사용한다.

⓫ 짜낸 효소액은 전통 항아리나 바이오 제품에 담아 숙성시켜야 하고, 뚜껑은 한지로 덮어 바늘로 공기구멍을 3~4개 뚫어 놓는다.

⓬ 발효 기간은 겨울에는 따뜻한 곳에서 여름에는 서늘한 곳에서 48시간 가량 발효 시키는데 조용히 귀를 기울여 들어보면 술 익는 소리가 들린다. 술 익는 소리가 안 들릴 때 발효가 끝난 것으로 보면 된다.

⓭ 숙성을 위한 보관 시 반드시 나무주걱으로 3일에 한 번씩 저어준다. 서늘한 곳에 100일 정도 두는데 이때 거품이 나고 발효가 되풀이 되면 재료의 1/3 분량의 올리고당을 첨가해 나무주걱으로 저은 후 한지로 뚜껑을 두껍게 덮어둔다.

⓮ 음용은 숙성이 끝난 약 100일 후부터 시작하고 원액과 물을 1대 5의 비율로 섞어 효소 단식 때 하루에 3번 음용한다. 음양탕(뜨거운 물과 찬물을 1:1로 섞은 것)을 합쳐 약 2 *l*의 수분을 섭취한다.

⓯ 효소 요법 시에도 아침 · 저녁 반드시 관장을 하고, 수산화마그네슘을 이용해 장 속의 오폐물을 빼내 주어야 한다.

건강한 체질을 만들기 위한 설문

본인의 정확한 체질 판단을 위해 필히 체크해 주시기 바랍니다. 본인의 이메일과 함께 홈페이지(http://funtv.kbs.co.kr/@bang)로 보내주시면 전문 연구진들이 회답하도록 시스템화되어 있습니다.

설문에 모든 것을 빠짐없이 기록해야 정확한 체질과 인성, 적성을 파악할 수 있습니다.

- **이름** :
- **자신의 혈액형** :
- **부모의 혈액형** : 부   모
- **형제의 혈액형(부모의 혈액형을 모르는 경우)** :
- **키** :   cm
- **몸무게** :   kg
- **주소** :
- **생년월일(음 · 양)** :
- **연락처** :
- **이메일** :
- **학력** :   지방   학교   전공

  졸(   ) (   )년 중퇴

  성적(참고가 되므로 기록 요망)

- **직업(구체적으로 기록)** :

- **현재 하고 있는 일에 대한 만족도는?**

  (　　)최상이다.　　　　(　　)만족한다.　　　　(　　)괜찮은 편이다.

  (　　)그저 그렇다.　　　(　　)불만족이다.　　　(　　)실망하고 있다.

- **현재의 직업은 어떤 경로로 선택하게 되었는가?**

  (　　)본인이 선택　　　(　　)부모의 권유　　　(　　)친지의 권유

- **왜 살고 있나?**

- **가장 큰 고민이 있다면?**

- **과거 병력이 있나?(있을 경우 기재)**

  　　　　　　　년　　　월　　　일　　발병했음

  약물이름 :　　　수술　　　회　　　　　　치료받은 적 있음

- **예방 접종 기록은?**

- **알레르기가 있는 경우 다음에 구체적으로 답하시오.**

  계절　　봄(　)　　여름(　)　　가을(　)　　겨울(　)

  꽃가루

  음식

  먼지

  화학물질

  곰팡이

  세균

  병원성 독소

  생활 속 독소

  선천성 독소

- **과거에 즐겨 먹었던 음식은?(구체적으로)**

  외식(몇 년간?)   한식(몇 년간?)

  양식(몇 년간?)   가정식(몇 년간?)

  (   )식단은 본인이 준비한다.   (   )아내나 남편이 한다.

  (   )가정부가 한다.   (   )전자 렌지를 사용한다.

  (   )가스 렌지를 사용한다.   (   )기타

- **음식을 만들거나, 야채를 씻을 때 사용하는 물은?**

  (   )수돗물   (   )정수 된 물(   )로 한다.

  (   )기타

- **어떤 물을 먹나? (먹는 물과 기호로 즐기는 음료수)**

  물

  음료수

  기호식품   담배-하루에   갑

  술   일 마다   씩

- **현재 즐겨먹는 음식(구체적으로)은?**

  주식   하루   끼니

  술안주

- **선호하는 음악은?**

  음악(곡목을 구체적으로 적어야 함)   팝송   가요

  클래식(외국곡)   국악

- **하고 있는 운동이 있다면 몇 년 째 하고 있는지, 좋아하게 된 계기를 상세히 기록하시오.**

- **미용실에   월   번씩 간다.**

  퍼머   개월 마다

  이발

  염색   개월마다

  목욕   일 마다   분간 한다.

- **결혼 여부는?**

  했음(   ) 안했음(   )

  초혼(년째)   이혼(년째)   재혼(년째)

  부부

- **관계(섹스)는 얼마나 어떠한 태도로 하는가?**

  일   마다   분간

  (   )상대를 진실로 사랑한다.

  (   )의무 방어적이다.

  (   )가끔 외도를 한다.

- **의복-내의류   (   )만 입는다.**

  겉 옷 류   (   )인조(화학섬유)로 된 것을 주로 입는다.

                 (   )순면이나 실크 위주로 입는다.

                 (   )벌 정도 있다.

                 (   )장신구를 좋아 한다.

- **거주하는 집의 형태는?**

  (   )아파트   (   )단독

  (   )소재   (   )목조 벽돌

  (   )스틸하우스   기타

• 생활환경은 어떠한가?

    (　　)집 근처에 수목이 있다.   (　　)없다.

    (　　)집 근처에 강(냇물)이 있다.   (　　)없다

    (　　)도심 한복판이다.   (　　)외곽지역이다.

    (　　)친부모와 같이 산다-이유

    (　　)시 부모와 같이 산다-이유

    (　　)관계가 좋다-이유

    (　　)보통이다-이유

    (　　)별로 좋은 사이가 아니다-이유

    (　　)자녀와 같이 산다.

    (　　)따로 산다(이유를 구체적으로 기록)

• 제일 가보고 싶은 여행지는?(구체적으로 기록)

• 다시 태어난다면 무슨 일과 상대는 어떤 사람을 만나고 싶은가?

  하고 싶은 일

  지금 다시 만나고 싶은 사람

  이유는?

참고 문헌

Roger Lewin, 《In the Age of Mankind》, Smithsonian Books, 1989

Peter J. D' ADamo, 《Eat Right 4 Your Type》, Riverhead Books, 2002

Stewart Lee Allen, 《IN the Devil' s Garden》, McGraw-Hill Companies, 2003

Sidney Mac Donald Baker 김광익 역, 《Detoxification and Healing》

부루스터 닌, 《누가 우리의 밥상을 지배하는가?》, 시대의창, 2004

Ralph W. Moss, 《CANCER, THERAPY》, Equinox Press, 1992

와타나베유지, 《유전자 변형식품의 실체》, 농민신문사, 2000

김달래, 《중의 체질학》, 정담, 1999

딘 라딘, 《의식의 세계》, 양문, 1999

노미 마사히코, 《혈액형 인간학》, 동서고금, 2000

미호리 마리, 《혈액형 비즈니스》, 열매출판사, 2004

이서래, 《한국의 발효식품》, 이화여자대학교 출판부, 1997

한스 울리히 · 에르크 치틀라우 · 유태우, 《비타민 쇼크》, 21세기북스, 2005

방세미, 《첨단파동요법으로 200세 젊음에 도전한다》, 정신문화사, 1995

방세미, 《파동건강과 성공비즈니스》, 정신문화사, 1996

에모토 마사루, 《물의 메시지》, 나무 심는 사람, 2003

에모토 마사루, 《물은 답을 알고 있다》, 나무 심는 사람, 2003

존 G.풀러, 《삶의 열 가지 해답》, 초롱출판사, 2001

구시 미치오, 《마크로 비오틱 건강법》, 미세기, 1998

최양수, 《산야초로 만드는 효소 발효액》, 하남출판사, 2005

곽명수 · 방세미, 《임상 홍채학》, 대한홍채학연구소, 한국파동의과학회

이길상, 《성서에서 본 식생활과 건강법》, 기독교문화사, 1996

이종택, 《고사숙어 사전》, 유한, 1995

정병채(정암 의역학회), 《정암 체질학》

최홍식, 《한국인의 생명 김치》, 밀알, 1995

주춘재, 《황제내경》, 청홍, 2004

야스다세츠코 〈유전자조작식품〉, 교보문고, 2000

강순남, 《밥상이 썩었다. 당신의 몸이 썩고 있다》, 소금나무, 2005

김정엽 · 남예봉 · 윤기주, 《병원 미생물학》,청구문화사, 2003

멘델존로버트 S, 《어느 의사의 고백-나는 현대의학을 믿지 않는다》, 문예출판사, 2000

밀풍 리농, 《의식의 두 얼굴》, 의단원, 2002

히사시 야마우치, 《터부의 수수께끼》, 사람과 사람, 1997

이정희, 행동하는 정신, 인지학연구센터, 2002

딘 라딘, 유상구 · 전재용, 《의식의 세계》, 양문출판사

참 생명과 건강을 찾는 '파동 속의 셀프 힐링' 건강캠프

〈韓國 셀프 힐링 파워 연구소〉의 정규 프로그램

● **프로그램 주요 내용**

- 164 Type별 특허에 의한 (혈액형별, 체질별) 바른 먹을거리를 통한 질병예방

- 질병(암, 당뇨, 고혈압, 알러지 피부, 천식 등) 진단 후 혈액형 별 식이요법

- 러시아 황실요법, 첨단파동요법(MOR)을 통한 체질개선, 자가 독소제거요법

- 혈액형별 식단 시스템에 의한 비만관리(164 체질 분류)

- 뇌파 에너지(Spirit Energy) 조절을 위한 식이요법 및 첨단파동요법

● **참가신청 및 문의사항**

〈韓國 셀프 힐링 파워 연구소〉

02) 3296 – 4056

http://funtv.kbs.co.kr/@bang

164 체질에 따른 자연치유
혈액형과 체질별 식이요법

2006년 5월 25일 1판1쇄
2006년 10월 15일 2판1쇄

저   자 : 방주연
펴낸이 : 남상호

펴낸곳 : 도서출판 **예신**
140-896 서울시 용산구 효창동 5-104
대표전화 : 704-4233, 팩스 : 715-3536
등록번호 : 제03-01365호(2002. 4. 18)

값 12,000원

http://www.yesin.co.kr
ISBN : 89-5649-039-2